Entwicklung eines ressourceneffizienzorientierten Entscheidungsmodells zur Auswahl von Technologieketten in der Fertigungstechnik

Von der Fakultät für Maschinenwesen
der Rheinisch-Westfälischen Technischen Hochschule Aachen
zur Erlangung des akademischen Grades eines
Doktors der Ingenieurwissenschaften
genehmigte Dissertation

vorgelegt von

Benjamin Döbbeler

Berichter:

Univ.-Prof. Dr.-Ing. Dr.-Ing. E. h. Dr. h. c. Dr. h. c. Fritz Klocke
Univ.-Prof. Dr.-Ing. Günther Seliger

Tag der mündlichen Prüfung: 11. Dezember 2015

ERGEBNISSE AUS DER PRODUKTIONSTECHNIK

Benjamin Döbbeler

Entwicklung eines ressourceneffizienzorientierten Entscheidungsmodells zur Auswahl von Technologieketten in der Fertigungstechnik

Herausgeber:
Prof. Dr.-Ing. Dr.-Ing. E. h. Dr. h. c. Dr. h. c. F. Klocke
Prof. Dr.-Ing. Dipl.-Wirt. Ing. G. Schuh
Prof. Dr.-Ing. C. Brecher
Prof. Dr.-Ing. R. H. Schmitt

Band 5/2016

WZL | RWTH AACHEN UNIVERSITY

Fraunhofer IPT

Bibliografische Information der Deutschen Nationalbibliothek
Die Deutsche Nationalbibliothek verzeichnet diese Publikation in der Deutschen Nationalbibliografie; detaillierte bibliografische Daten sind im Internet über http://dnb.ddb.de abrufbar.

Benjamin Döbbeler:

Entwicklung eines ressourceneffizienzorientierten Entscheidungsmodells zur Auswahl von Technologieketten in der Fertigungstechnik

1. Auflage, 2016

Gedruckt auf holz- und säurefreiem Papier, 100% chlorfrei gebleicht.

Apprimus Verlag, Aachen, 2016
Wissenschaftsverlag des Instituts für Industriekommunikation und Fachmedien an der RWTH Aachen
Steinbachstr. 25, 52074 Aachen
Internet: www.apprimus-verlag.de, E-Mail: info@apprimus-verlag.de

Druck: KN Digital Printforce GmbH, Stuttgart

ISBN 978-3-86359-398-8

D 82 (Diss. RWTH Aachen University, 2015)

Vorwort

Preamble

Die vorliegende Arbeit entstand während meiner Tätigkeiten als wissenschaftlicher Mitarbeiter am von Herrn Prof. Dr.-Ing. Dr.-Ing. E.h. Dr. h.c. Dr. h.c. Fritz Klocke geleiteten Lehrstuhl für Technologie der Fertigungsverfahren am Werkzeugmaschinenlabor (WZL) der RWTH Aachen. Die Ergebnisse und Ansätze dieser Arbeit sind weitestgehend auf Basis zweier dankenswerterweise durch das Bundesministerium für Bildung und Forschung (BMBF) geförderten Projekte „Bewertung der Energieeffizienz alternative Prozess und Technologieketten“ (BEAT) sowie der „Innovationsallianz Green Carbody Technologies“ (InnoCaT) entstanden.

Für die Betreuung und konstruktive Unterstützung während der Erstellung meiner Arbeit danke ich meinem Doktorvater Herrn Prof. Dr.-Ing. Dr.-Ing. E.h. Dr. h.c. Dr. h.c. Fritz Klocke herzlich. Seine richtungsweisenden Worte und Anmerkungen sowie seine besondere Persönlichkeit haben stets ein angenehmes Arbeitsumfeld geschaffen, in dem ich sehr gerne gearbeitet habe.

Ebenso möchte ich Herrn Prof. Dr.-Ing. Günther Seliger, Leiter des Fachgebiets Montagetechnik und Fabrikbetrieb am Institut für Werkzeugmaschinen und Fabrikbetrieb (IWF) an der TU Berlin, für seine intensive Durchsicht des Manuskripts sowie die Übernahme des Koreferats danken. Herrn Prof. Dr.-Ing. Dr. h. c. Burkhard Corves, Leiter des Instituts für Getriebetechnik und Maschinendynamik (IGM) der RWTH Aachen, spreche ich für die Übernahme des Prüfungsvorsitzes ebenfalls meinen Dank aus.

Weiterhin gilt mein Dank allen aktuellen und ehemaligen Kollegen des Werkzeugmaschinenlabors, insbesondere der Abteilung Zerspantechnologie, für die aufopferungsvolle Zusammenarbeit, die gute Arbeitsatmosphäre sowie die hervorragende Unterstützung vor, während und neben der Erstellung der vorliegenden Arbeit. Danken möchte ich besonderes meinem ehemaligen Vorgesetzten und späteren Kollegen Dr.-Ing. Ralf Schlosser für die stetige Förderung, die ehrlichen und kritischen fachlichen Diskussionen sowie eine stets freundschaftliche Zusammenarbeit. Weiterhin möchte ich den aktuellen und ehemaligen Kollegen Dr. Mustapha Abouridouane, Dr.-Ing. Martin Arft, Thomas Auerbach, Dr.-Ing. Matthias Brockmann, Dr.-Ing. Stefan Buchkremer, Tolga Cayli, Prof. Dr.-Ing. Peter Frank, Dr.-Ing. Klaus Gerschwiler, Dr.-Ing. Alexander Krämer, Sven Lung, Jan Mielke, Dr.-Ing. Christoph Nobel, Dr.-Ing. Hendrik Puls, Dr.-Ing. Hubertus Sangermann, Martin Seimann sowie Dr.-Ing. Patrik Vogtel herzlich für die vielen Diskussionen und die schöne Zeit im und außerhalb des Werkzeugmaschinenlabors danken. Hervorheben möchte ich darüber hinaus Herrn Marvin Binder wegen der persönlichen und fachlichen Unterstützung besonders in den Anfängen dieser Arbeit. Ein besonderer Dank gilt auch meinem ehemaligen Oberingenieur Herrn Dieter Lung, der als langjähriger Förderer und Vorgesetzter meinen Weg stets beratend begleitet und unterstützt hat.

Meinen ehemaligen studentischen Hilfskräften sowie Studien-, Diplom-, Projekt-, Bachelor- und Masterarbeiterinnen und -arbeitern Dennis Berthold, Johannes Bongartz, Gero Corman, Marcel Dekorsi, Linus Dellweg, Kirsten Ix, Daniel Knop, Dennis Lindemann, Tobias Mathmann, Sebastian Niepel, Sven Plenkers, Vera Scharpenberg, Christian Schipper, Christian Schmidt, Judith Verbeek, Shari Wlecke sowie Daniel Wohter danke ich für die engagierte und gute Zusammenarbeit in angenehmer Arbeitsatmosphäre. Hervorheben möchte ich Herrn Andreas Hermanuz für seine Arbeiten im Zusammenhang mit der in dieser Arbeit entstandenen Software.

Für die sorgfältige, zuverlässige und engagierte Durchführung, Unterstützung und Auswertung von Versuchen während meiner Tätigkeiten bedanke ich mich bei den Technikern und Mechanikern der Abteilung Zerspantechnologie, namentlich Paul Bronfen, Sascha Kamps, Christian Matheis, Rainer Ohler, Tobias Smigielski, Thomas Tix, Willy Weiss, Norbert Wins sowie den weiteren Unterstützern Thomas Fischer, Brigitte Niederbach und Leo Teschers.

Einen besonderen Dank widme ich abschließend meinen Eltern und meinem Bruder, die mir meinen Lebens- und Bildungsweg ermöglicht haben. Sie sorgten für den notwendigen Rückhalt während der intensiven Arbeitsbelastung der zurückliegenden Jahre und verhalfen mir zu Selbstverantwortung und Selbständigkeit durch ihre ehrliche, kritische und offene Art.

Inhaltsverzeichnis

Content

Formelzeichen und Abkürzungsverzeichnis

Formula Symbols and Abbreviations

Formelzeichen

Zeichen	Einheit	Bezeichnung
$1\text{-}m_c$		Anstiegswert der Schnittkraft
$1\text{-}m_f$		Anstiegswert der Vorschubkraft
A_0	€	Anfangsauszahlung
A_a		Abweichung
a_{ij}		Vergleichswert des Kriteriums i mit Kriterium j
$a_{j,k}$		Umrechnungsfaktor des Kriteriums k für die Verbrauchsart j
a_p	mm	Schnitttiefe
A_{rel}	%	relative Abweichung
a_t	€	Auszahlung zum Zeitpunkt t
b	mm	Spanungsbreite
B_k		Vergleichsmatrix B
$b_{o,p}$		Vergleichswert des Kriteriums o zu Kriterium p
C_0	J	maschinenspezifischer Faktor
C_1	$J\cdot cm^3/s$	maschinenspezifischer Faktor
c_p	$J/(kg\cdot K)$	spezifische Wärmekapazität
D	mm	Durchmesser des Werkstücks
$d_k(i,j)$		Differenz der Ausprägungen des Bewertungskriteriums k der Alternativen i und j
DLZ	s	Durchlaufzeit
E_c	kWh	Schnittenergie
$E_{elektrisch}$	J	elektrische Energie
E_f	kWh	Vorschubenergie
$E_{Prozess}$	J	Prozessenergie
$E_{schrott}$	€	Schrotterlöse des Spanmaterials
E_{spez}	J/cm^3	spezifischer Energiebedarf
e_t	€	Einzahlung zum Zeitpunkt t
$E_{thermisch}$	J	Thermische Energie
f	mm	Vorschub
F^-		Eingangsfluss

Zeichen	Einheit	Bezeichnung
F(i)		Nettofluss
F^+		Ausgangsfluss
h	mm	Spanungsdicke
i	%	Kalkulationszinssatz, Diskontierungszinssatz
k		Übertragungsfunktion
K_A		kalkulatorische Abschreibungen
K_{AW}	€	Anschaffungswert der Maschine
k_c	N/mm^2	Spezifische Schnittkraft
$k_{c1.1}$	N/mm^2	Spezifische Schnittkraft für den Spanungsquerschnitt $A=1mm^2$
K_F	€	Fertigungskosten
$k_{f1.1}$	N/mm^2	Spezifische Vorschubkraft für den Spanungsquerschnitt $A=1mm^2$
K_I	€	Instandhaltungskosten
K_{invest}	€	Investitionskosten
K_L	€	Lohn- und Lohnnebenkosten
$K_{L,alt}$	€	Kosten durch Lohn- und Lohnnebenkosten für die alternative Prozesskette
$K_{L,konv}$	€	Kosten durch Lohn- und Lohnnebenkosten für die konventionelle Prozesskette
K_{LH}	€/h	Lohn- und Lohnnebenkosten je Stunde
K_{LZ}	€	Lebenszykluskosten
K_M	€	Maschinenkosten
K_{mat}	€	Materialkosten
$K_{mat,Prozess}$	€	Prozessbezogene Material- und Hilfsstoffkosten
K_{MH}		Maschinenkostensatz
K_x	€	Restfertigungsgemeinkosten
K_R	€	Raumkosten
K_{VE}	€	Verkaufserlös
KW	€	Kapitalwert
K_W	€	Gesamte Werkzeugkosten
K_{WT}	€	Werkzeugkosten
K_Z		kalkulatorische Zinsen

Zeichen	**Einheit**	**Bezeichnung**
L	€/h	Stundenlohn
$\overrightarrow{MF_i}$		Vektor der Medienfaktoren
m	kg	Masse
n	min^{-1}	Drehzahl
$n_{Kriterien,direkt}$		Anzahl der aus Verbräuchen bestimmbaren Kriterien
$n_{Kriterien,indirekt}$		Anzahl der zusätzlich bestimmbaren Kriterien
n_{Medien}		Anzahl der Medien der Zentralanlage/Anzahl der ges. Verbrauchsmedien
$n_{Prozesse}$		Anzahl der Prozesse in der Prozesskette
$n_{PZ,j}$		Anzahl der Prozesszustände des Prozesses j
n_{WT}	Stk.	Standmenge
p		Prozesskette
P_a	Stk./a	Jährliches Produktionsvolumen
P_c	kW	Schnittleistung
$P_{elektrisch}$	W	Elektrische Leistung
P_f	kW	Vorschubleistung
P_i	kW	Elektrische Leistungsaufnahme in Zustand i
$p_k(d)$		Präferenzfunktion p der Differenz d
p_L		Lohnnebenkostenanteil
q		Differenzwert
q_L	%	Steigerung der Lohnkosten pro Jahr
q_{mat}	%	Steigerung der Materialkosten pro Jahr
q_W	%	Steigerung der Werkzeugkosten pro Jahr
Q_z	cm^3/s	Abtrag- bzw. Auftragsrate
Q_Z	cm^3/s	Zeitspanvolumen
r		Position des Wendepunkts
$\vec{r}_{alt}$		Gesamtverbrauchsvektor für die alternative Prozesskette
$\vec{r}_{konv}$		Gesamtverbrauchsvektor für die konventionelle Prozesskette
s		Normierungsfaktor
S_i	var.	Verbrauch von Stoff i pro Bauteil
$\dot{S}_i$	var.	Verbrauch von Stoff i pro Bauteil pro Zeit
s_i^-		Euklidischer Abstand zur schlechtesten Alternative

Zeichen	Einheit	Bezeichnung
$S_{i,direkt}$	var.	Direkter Verbrauch von Stoff i pro Bauteil
$S_{i,indirekt}$	var.	Indirekter Verbrauch von Stoff i pro Bauteil
$S_{i,j}$	var.	Verbrauch von Stoff i in Prozess j
$\dot{S}_{i,j}$	var.	Verbrauch von Stoff i in Prozess j pro Zeit
$S_{i,Prozess}$		tatsächlicher Verbrauch des Stoffes
$S_{i,Prozess,indirekt}$		prozessspezifischer indirekter Verbrauch
$S_{i,zentral}$		bereitgestellte Menge
$S_{i,Zentralanlage}$		Energie- und Materialaufwand
s_i^+		euklidischer Abstand zur besten Alternative
t	s	Durchlaufzeit der Prozesskette
t_c	s	Schnittzeit
t_e	s	Zeit je Einheit
t_g	s	Gesamte zur Verfügung stehende Zeit
t_h	s	Hauptzeit
$t_{i,j,k}$	s	Dauer des Zustands k des Prozesses j des Stoffes i
t_j	s	Prozessdauer des Prozesses j
t_{jog}	s	Werkzeugwechselzeit
t_n	s	Nebenzeit
T_N	h/a	Maschinenlaufzeit
t_{takt}	s	Taktzeit der Maschine
u^-		minimale Ausprägung
u^+		maximale Ausprägung
u_i		Gesamtbewertung der Ausprägungen von Kriterien
$u'_{i,k}$		Element der auf alle Alternativen und Bewertungskriterien normierten, gewichteten Entscheidungsmatrix
$\tilde{u}_{i,k}$		Bewertungsindikator der Alternative i und des Bewertungskriteriums k
V	cm^3	Zerspantes Volumen
v_c	m/min	Schnittgeschwindigkeit
$\vec{w}_{global}$		Gewichtungsvektor
x_a		Messwert
x_e		Messgröße
x_i	%	Zeitanteil des Zustands i

Zeichen	Einheit	Bezeichnung
z_{ik}		Bewertung der Ausprägung i der Kategorie k

Griechische Formelzeichen

Zeichen	Einheit	Bezeichnung
ΔT	K	Temperaturdifferenz
η_{konv}	%	Prozesseffizienz für eine konventionelle Prozesskette
η_{alt}	%	Prozesseffizienz für eine alternative Prozesskette
η	%	Prozesseffizienz
η_{PK}	%	Prozesskosteneffizienz
$\pi(i,j)$		Outrankingrelation
ξ_i		relativer Abstand
ω_k		Globales Gewicht der Kategorie k des Bewertungsknotens l
Φ_i		Globale Ausprägung
$\sigma_{k,i}$		Ausprägung des Kriteriums k der Alternative i
$\Phi_{i,k}$		Ausprägung der Alternative i für Bewertungskriterium k
σ_k		Ausprägung des Kriteriums k
Δx		Abweichung
$\eta_{Prozess}$	%	Wirkungsgrad des Prozesses
λ		Eigenwert
ω		Eigenvektor
$\omega_{k,lokal}$		Lokales Gewicht der Kategorie k

Abkürzungen

Abkürzung	Bezeichnung
Ab	Absaugung ölfrei
AbÖ	Absaugung ölhaltig
ADP	Abbau abiotischer/biotischer Ressourcen
AHP	Analytical Hierarchy Process
AÖ	Abschrecköl
AP	Versauerungspotenzial
BEAT	Ganzheitliche Bewertung der Energieeffizienz alternativer Technologieketten

Abkürzung	Bezeichnung
BIP	Bruttoinlandsprodukt
BMBF	Bundesministerium für Bildung und Forschung
C.I.	Konsistenzindex (engl.: Consistency Index)
C.R.	Konsistenzverhältnis (engl.: Consistency Ratio)
CH4	Methan
CO2	Kohlenstoffdioxid
DL	Druckluft
E	Einheitsmatrix
EDV	Elektronische Datenverarbeitung
EE	Elektrische Energie
EEG	Erneuerbare-Energien-Gesetz
EG	Erdgas
EnG	Endogas
EnMS	Energiemanagementsysteme
EP	Eutrophierungspotenzial
ERP	Enterprise-Ressource-Planning
EU	Europäische Union
FCKW	Fluorchlorkohlenwassersoff
FKW	Fluorkohlenwasserstoff
GaBi	Ganzheitliche Bilanzierung
GWP	Potenzial globaler Erwärmung
H-FWK, HFC	teilhalogenierte Fluorkohlenwasserstoffe
INNOCAT	Innovationsallianz Greencarbody Technologies
IT-Systeme	Informationstechnische Systeme
KE	Kälteenergie in Form von Kühlwasser
KEA	kumulierter Energieaufwand
KSS	Kühlschmierstoff
LCA	Life Cycle Assessment
LCC	Life Cycle Costing
LCI	Life Cycle Inventory
MADM	Multi-Attribute Decision Making

Abkürzung	Bezeichnung
MCDA	Multiple-Criteria Decision Analysis
MODM	Multi-Objective Decision Making
N_2O	Distickstoffmonoxid
ODP	Potenzial zum Abbau der Ozonschicht
OEE	Overall Equipment Effectiveness
P	Wirkleistungsaufnahme
PDCA	Plan-Do-Check-Act
PEA	Primärenergieaufwand
PED	Primärenergieabbau fossil/erneuerbar
PFC	Perfluorcarbon
POCP	Photochemisches Ozonerstellungspotenzial
R	Reelle Zahl
R	Ressourcenverbrauchsmatrix
R.I.	Zufallsindex (engl.: Random Index)
R11	Trichlorfluormethan
ROI	Return of Invest
Sb	Antimon
SF_6	Schwefelhexafluorid
SO_2	Schwefeldioxid
SOP	Start of Production
TCO	Total Cost of Ownership
THG	Treibhausgas
TK	Technische Kälte
TRL	Technologie-Reifegrad
TW	Technische Wärme
U	Entscheidungsmatrix
UPLCI	Unit Process Life Cycle Inventory
V	Verbrauchsfaktorenmatrix
VE-Wasser	Vollentsalztes Wasser
W	Bewertungskriterienmatrix
WZ	Werkzeug

1 Einleitung und Motivation

Introduction and Motivation

Das Konzept der Nachhaltigkeit mit den Dimensionen Ökologie, Ökonomie und Soziales gewinnt im Umfeld der Fertigungstechnik stetig an Bedeutung. Unternehmen sind bestrebt, vor dem Hintergrund der steigenden Weltbevölkerung sowie der sinkenden Ressourcenverfügbarkeit eine nachhaltige Evaluierung und Steuerung der Unternehmensprozesse zu erreichen [RACK13; SELI07]. Öffentlichkeitswirksame Ziele, wie Einsparungen an elektrischer Energie sowie Treibhausgasemissionen, sind in den Unternehmensvisionen verankert und werden oftmals in Nachhaltigkeitsberichten dargelegt [DAIM12; ROBE12; SEW10; SCHL14]. Darüber hinaus versprechen sich Unternehmen von einer intensiven Einbeziehung der tatsächlichen Energie- und Stoffströme innerhalb der Wertschöpfungskette ein höheres Maß an Transparenz und infolgedessen Potenziale für Verbesserungsmaßnahmen. Diese Maßnahmen zielen nicht nur auf rein ökonomische Ziele wie Kosteneinsparungen ab, sondern beinhalten auch langfristige Absichten der Ressourcenschonung. Besonders im Bereich von Materialien, deren Preise aufgrund ihrer zunehmenden Knappheit signifikant angestiegen sind, lassen sich Kosten- und Materialeinsparungen sowohl ökologisch als auch ökonomisch rechtfertigen. Aber nicht nur rein intrinsisch motivierte Ziele, sondern auch Auflagen seitens der Gesetzgebung finden immer häufiger Anwendung in der industriellen Praxis [DEUT14; BUND12a; EURO11c]. So ist vor allem die Einführung von Energiemanagementsystemen, die mit Kostenvorteilen für energieintensive Industrien verknüpft ist, eine extrinsische Motivation die Energie- und Materialverbräuche im Unternehmen zu erfassen und im Rahmen eines kontinuierlichen Verbesserungsprozesses zu reduzieren.

Meist werden top-down, d.h. von Spitzenkennzahlen hin zu Untergliederungen, implementierte Systeme verwendet, um aus quantitativen Zielen Einzelziele abzuleiten. Unternehmensweite Zielstellungen und erfasste Kennzahlen werden auf einzelne Werke oder Produktionsbereiche unterteilt. Für eine tiefgehende Analyse von Einzelprozessen oder Prozessketten ist hingegen eine bottom-up-basierte Datenerfassung notwendig, also beginnend beim Einzelprozess bis hin zu unternehmensweiten Informationen. Eine wesentliche Herausforderung der in Abbildung 1.1 dargestellten Interaktion ist die Erfüllung der Anforderungen der Kennzahlen durch die in der Fertigung bereitstehenden Daten. In der heutigen Datenverfügbarkeit von Unternehmen in Bezug auf Energie- und Materialverbräuche ist die Durchgängigkeit beider Ansätze nicht gegeben. Beispielsweise kann die Verteilung von Jahresverbräuchen nicht exakt allen Verbrauchsstellen zugeordnet werden [DIN16212].

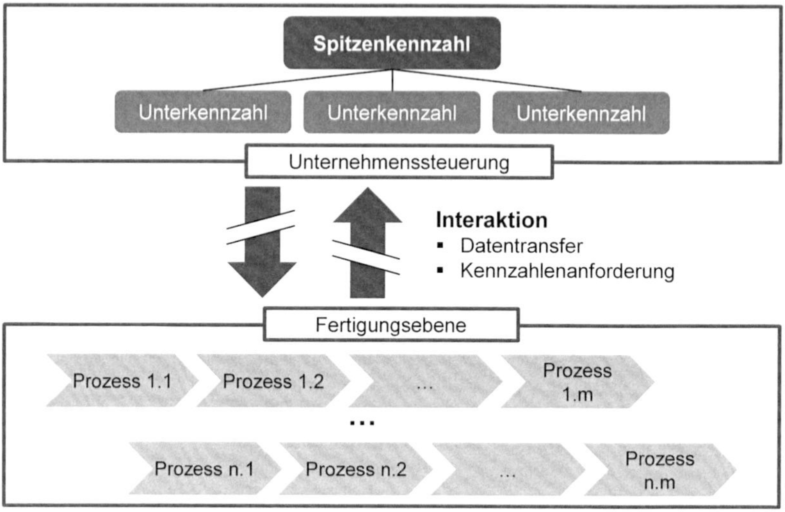

Abbildung 1.1: Interaktion zwischen Unternehmenssteuerung und Fertigungsebene
Interaction between corporate governance and manufacturing

Eine einheitliche und zusammenhängende Bewertung ökologischer und ökonomischer Aspekte sowie unterschiedlicher Datenquellen ist bisher nicht umgesetzt, da bisherige wissenschaftliche Arbeiten Einzelaspekte fokussierten und übergeordnete Systeme nur ansatzweise bis auf die Prozessebene hin untersucht wurden. In dieser Arbeit wird ein kennzahlenbasiertes, modular aufgebautes Bewertungsmodell entwickelt, das eine Bewertung der Energie- und Ressourceneffizienz unter Berücksichtigung betriebswirtschaftlicher Größen ermöglicht. Das Modell fokussiert auf die Fertigungsphase von Produkten, stellt allerdings die notwendigen Schnittstellen zur Verfügung, um auch für eine ganzheitliche Lebenszyklusbilanzierung verwendet zu werden. Vor allem sollen unterschiedliche Fertigungsalternativen und Technologieketten vergleichend bewertet werden, um die Entscheidungsfindung unterstützen zu können.

Introduction

The concept of sustainability with its economical, ecological and social pillars is gaining importance in the field of manufacturing technology. The industry strives to achieve a sustainable evaluation and controlling of corporate processes in the light of increasing world population and thus dropping resource availability [RACK13]. Image improving targets, such as reduction of electrical energy consumption as well as greenhouse gas emissions, are embedded in company visions and sustainability reports [DAIM12; ROBE12; SEW10; SCHL14]. Furthermore, companies trust in a higher level of transparency and consequently potentials for cost savings due to including detailed energy and material flows within the value-added chain. These measures not only target at economical aims, but also include long-term purposes of resource conservation. Especially for materials, which prices significantly increased due to their scarcity, cost as well as material savings are justified by economical and ecological reasons. In addition to intrinsic motivated targets, restrictions by legislation are launched for industrial application [DEUT14; BUND12a; EURO11c]. Particularly energy management systems, which may lead to cost reductions for energy intensive manufacturing, are added incentives for determining energy and material consumptions in the industry as well as a continuous improvement process.

Often top-down implemented key indicators are used to identify single targets derived from quantitative figures. Company-wide targets und measured data are partitioned onto single plants of production areas. For a detailed analysis of single processes or process chains, a bottom-up approach for acquiring data is necessary.

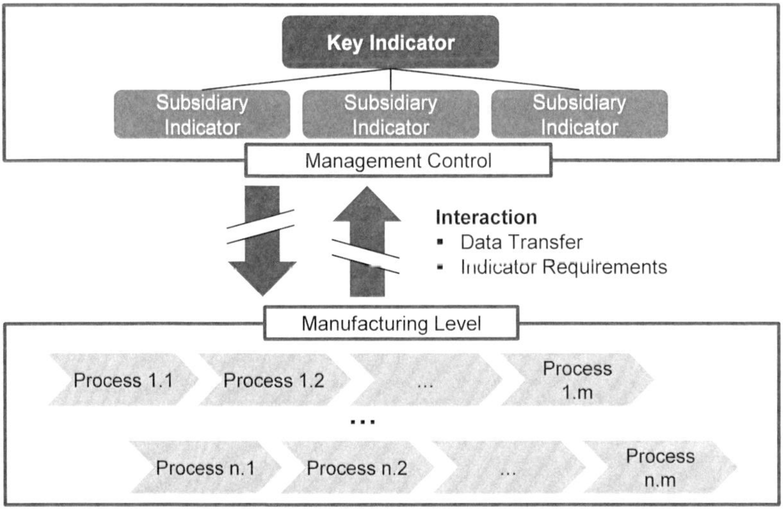

Abbildung 1.2: Interaktion zwischen Unternehmenssteuerung und Fertigungsebene

Interaction between corporate governance and manufacturing

An important challenge of the interaction between management control and the manufacturing system shown in Figure 1.2 is the fulfillment of requirements of key indicators by the available data in manufacturing. In today's data availability of companies, the penetration of both the top-down as well as the bottom-up approach regarding energy and material consumption data is not sufficient. The allocation of yearly consumptions on single causes of consumption cannot be performed, for example [DIN16212].

The consistent and coherent evaluation of ecological and economical factors as well as different data sources has not been achieved yet, because research works focused on single aspects and holistic approaches have not been analyzed down to the process level. In this thesis, a key indicator based, modular evaluation model will be developed focusing on evaluation of energy and resource efficiency regarding economical figures as well. The model emphasizes the manufacturing phase of products and presents necessary interfaces in order to be used in life cycle analyses. Different manufacturing possibilities and technology chains will be evaluated in order to support a decision-making process.

2 Stand der Erkenntnisse

State of the Art

Im Stand der Erkenntnisse werden folgend die Grundlagen zur Ressourceneffizienz in der Fertigungstechnik adressiert. Der Stand der Erkenntnisse zu üblichen Definitionen der Begriffe Ressource, Ressourceneffizienz und Ökobilanzierung wird grundlegend erläutert. Darüber hinaus werden bisherige Lösungen zur Bewertung der Ressourceneffizienz aus der industriellen Praxis sowie in der Forschung vorgestellt, um die Grundlagen für die weitere Forschungsarbeit darzustellen. Für die konkrete Beantwortung einzelner Forschungsfragen ist es notwendig, die Bedeutung von Kennzahlen in der Unternehmenssteuerung zu beleuchten.

Die Fokussierung auf Energie- und Ressourceneffizienz entsteht in der heutigen Diskussion aus verschiedenen Gründen. Politische Zielsetzungen begründen sich mit den Kosten steigernden Effekten verringerter Verfügbarkeit von Materialien und Energie erzeugender Ressourcen sowie der zunehmenden Belastung der Umwelt. Unter anderem wird auch die Verminderung der Klimaerwärmung als Zielstellung formuliert. Aktuelle Untersuchungen zeigen auf, dass bei vollständiger Nutzung aller in der Erdkruste verfügbaren Energie erzeugenden Ressourcen, also maßgeblich Öl, Erdgas und Kohle, das gesetzte Ziel einer maximalen Erwärmung der Atmosphäre um 2°C im 21. Jahrhundert nicht eingehalten werden kann [MCGL15]. Dies bedeutet, dass nicht alle verfügbaren Ressourcen der Erde genutzt werden können, wenn alle Staaten die gesetzten und vereinbarten Treibhausgas-Ziele einhalten wollen. Dies zeigt sich auch an der Vorgehensweise einiger ölexportierender Staaten, die aus betriebswirtschaftlichen Gründen selbst bei niedrigen Ölpreisen die Fördermengen nicht drosseln, sondern weiterhin Öl veräußern, da zukünftige, unsichere Zahlungen weniger Wert versprechen [BANS15]. Als Schlussfolgerung dieser Entwicklung ergibt sich, dass Akteure des Energiesektors sich der zukünftigen Fokussierung auf Ressourceneffizienzziele, besonders auf internationaler Ebene, bewusst sind und darauf bereits aktiv reagieren.

2.1 Ressourceneffizienz in der Fertigungstechnik

Resource Efficiency in Manufacturing

Die vorliegende Arbeit liefert mittels einer Bewertungsmethode und eines Entscheidungsmodells zur Auswahl unterschiedlicher Prozessketten einen Beitrag zur Erhöhung der Ressourceneffizienz in der Fertigungstechnik, vor allem im Bereich der kombinierten, multikriteriellen Bewertung aus unterschiedlichen Unternehmensperspektiven, wie beispielsweise Ökonomie und Ökologie. In diesem Kapitel werden die Grundlagen der Ressourceneffizienz im Umfeld der Fertigung dargestellt. Vor allem wird das Verständnis der Ressourceneffizienz für diese Arbeit definiert sowie aktuelle Treiber zur Ressourcenschonung im unternehmerischen Führungssystem beleuchtet. Darüber hinaus wird der Ansatz der Ökobilanzierung zur Bewertung der Ressourceneffizienz vorgestellt, da diesem eine wesentliche Bedeutung im weiteren Verlauf zukommt.

2.1.1 Definition der Ressourceneffizienz

Definition of Resource Efficiency

Es existieren zahlreiche kontextbezogene Definitionen, die sich inhaltlich teils überschneiden. Drei relevante Anwendungszusammenhänge und entsprechende Definitionen von Ressourcen existieren: Die *Betriebswirtschaft*, die *Umweltwissenschaft* und die *Geologie*. In folgender Abbildung 2.1 sind die Bestandteile der jeweiligen Ressourcendefinition nach [UMWE12; BUND09; VDI4800] gezeigt.

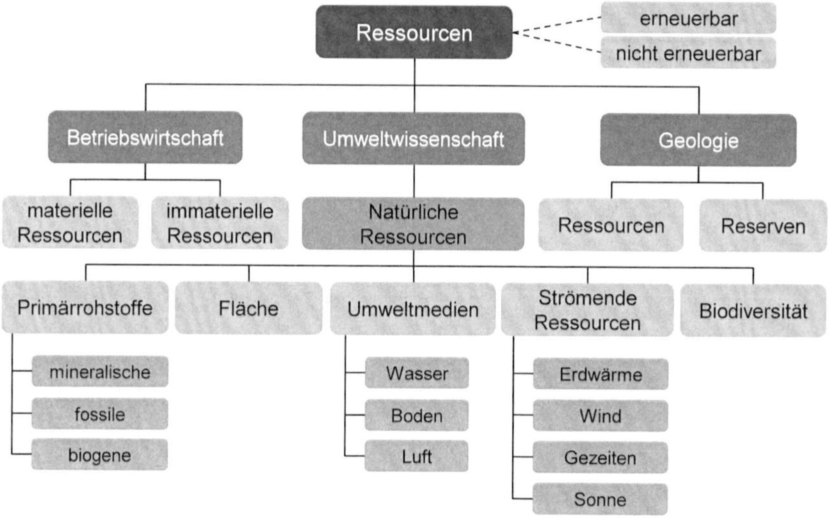

Abbildung 2.1: Bestandteile der Definitionen von Ressourcen [UMWE12; BUND09; VDI4800]

Components of resource definitions [UMWE12; BUND09; VDI4800]

Aus betriebswirtschaftlicher Sicht bezeichnet der Begriff Ressource alle materiellen und immateriellen Mittel, die in einem Prozess genutzt werden oder genutzt werden können. Hierzu gehören demnach alle Roh-, Hilfs- und Betriebsstoffe, Anlagen sowie Human- und finanzielles Kapital [UMWE12]. Vor dem geologischen Hintergrund wird grundsätzlich nach Ressourcen und Reserven unterschieden. Hierbei bezeichnen die Ressourcen alle „Mengen eines Rohstoffes, die geologisch nachgewiesen sind, aber aus technischen oder wirtschaftlichen Gründen nicht gewonnen werden können und die Mengen, die nicht nachgewiesen sind, aber aus geologischen Gründen in dem betreffenden Gebiet erwartet werden können. Reserven sind die Mengen eines Energierohstoffes, die mit großer Genauigkeit erfasst wurden und mit den derzeitigen technischen Möglichkeiten wirtschaftlich gewonnen werden können“ [BUND09]. Für die Verwendung in dieser Arbeit ist für den Begriff *Ressourcen* die umweltwissenschaftliche Sichtweise maßgeblich. Diese beinhaltet alle natürlichen Ressourcen, unabhängig davon, ob diese erneuerbar oder nicht erneuerbar sind. Zu diesen Ressourcen werden Primärrohstoffe, Flächen, Umweltmedien, strömende Ressourcen und die Biodiversität gezählt. Unter Primärrohstoffen werden mineralische, fossile und biogene Rohstoffe verstanden, die durch Entnahme aus der Natur gewonnen werden. Hierzu zählen alle für die Fertigungstechnik relevanten Energie- und Verbrauchsmedien wie beispielsweise fossile Brennstoffe, erneuerbare Energiequellen, Metallerze und Öle [UMWE12]. Der Fokus dieser Arbeit bezieht sich auf die Primärrohstoffe, Umweltmedien und strömenden Ressourcen. Die Fläche sowie Biodiversität werden nur teilweise durch übergeordnete Vorgehensweisen in der Ökobilanzierung einbezogen, sollen aber aus Gründen der Anwendbarkeit der späteren Methodik und deren Verständlichkeit in der Fertigungstechnik nicht näher bewertet werden.

Der Begriff der *Ressourceneffizienz* ist bisher nicht einheitlich definiert. Innerhalb eines Fahrplans hin zu einem ressourceneffizienten Europa, hat die EUROPÄISCHE KOMMISSION die Vorgehensweise der nächsten Jahre und Jahrzehnte verabschiedet, in der auch die Ressourceneffizienz verankert ist. Die Ressourceneffizienz wird definiert nach dem Grundsatz aus Weniger mehr zu produzieren und mit weniger Input größere Werte auf nachhaltige Weise zu schaffen [EURO11a, S. 4]. Dieser übergeordnete Ansatz kann nun durch eine Definition der Ressourceneffizienz in die industrielle Fertigung überführt werden. Es ist allerdings zu beachten, dass je nach Anwendungsbezug die Definition Unterschiede aufweist bzw. bisher nicht vereinheitlicht ist [ECOR11, S. 1]. Einigkeit herrscht darüber, dass die Ressourceneffizienz als das Verhältnis von Nutzen zu Aufwand zu verstehen ist [VDI4800]:

$$Ressourceneffizienz = \frac{Nutzen\ (Produkt, Funktion, funktionale\ Einheit)}{Aufwand\ (Einsatz\ natürlicher\ Ressourcen)} \tag{2.1}$$

Den Nutzen und den Aufwand zu beziffern, stellt eine Herausforderung dar. Aus diesem Grunde finden sich sowohl ökonomische als auch physische Größen bei der Beschreibung des Nutzens. Unter anderem können sowohl Größen wie das Bruttoinlandsprodukt als auch die Herstellung einer bestimmten Menge eines Stoffs oder Produkts als Nutzen definiert werden [EURO13]. Es ist erkennbar, dass die Bandbreite der Anwendbarkeit bereits beim Nutzen nicht eindeutig ist. Darüber hinaus ergeben sich bei der Bemessung des Aufwands zahllose Möglichkeiten. So setzen Bezeichnungen wie die Energieeffizienz sowie Materialeffizienz meist auf die entsprechende Aufwandsbezifferung durch Menge an verbrauchter elektrischer Energie bzw. die Menge an eingesetztem Material [ERLA14]. Der Begriff der Ressource, wie zuvor beschrieben, umfasst sowohl die Energie- als auch die Materialeffizienz und beinhaltet sowohl direkt eingesetzte Materialien als auch indirekt verursachte Material- und Energieverbräuche und darüber hinaus auch Umweltwirkungen wie beispielsweise Emissionen. REINHARDT verwendet in diesem Zusammenhang den Begriff Ressourcen im engeren Sinne (Energie und Material) sowie Ressourcen im weiteren Sinne (natürliche Ressourcen). Diese Begrifflichkeiten deuten auf zwei unterschiedliche Systemgrenzen hin, deren Anwendung je nach Betrachtungshorizont sinnvoll sind. Auf der einen Seite werden nur die direkten Ressourcen und deren Verbräuche sowie Emissionen in der Bilanzhülle selbst berücksichtigt (im engeren Sinne), auf der anderen Seite werden auch indirekte Emissionen beispielsweise durch die Stromerzeugung in die Bilanzhülle integriert (im weiteren Sinne) [REIN13, S. 7]. In dieser Arbeit soll der Begriff der Ressourceneffizienz im weiteren Sinne verwendet werden, wobei hauptsächlich Belastungen durch die Bereitstellung genutzter Energien und Materialien einbezogen werden. Trotz fehlender einheitlicher Definition sind vor allem in wissenschaftlichen Arbeiten Ansätze zur Beschreibung der Ressourceneffizienz zu finden. Diese werden an entsprechender Stelle in Kapitel 2.3 vorgestellt.

2.1.2 Unternehmerische Treiber der Ressourceneffizienz

Entrepreneurial Drivers of Resource Efficiency

Unternehmerische Treiber der Ressourceneffizienz sind vielfältig und unterschiedlich motiviert. Vor allem extrinsische Motivatoren, wie ein zu verkörperndes Image sowie gesetzliche Auflagen, ergänzen die intrinsische Motivation nach Kostenersparnissen und der Schonung verfügbarkeitsbeschränkter Materialien aus strategischen Gründen. Als Anspruch wird die Erfüllung selbst gesteckter ökologischer Ziele festgelegt, wie beispielsweise eine Reduktion der Treibhausgasemissionen oder des Energieverbrauchs bis auf einen festgelegten Grenzwert.

Im Verlauf der industriellen Historie sind die folgenden Anforderungen an die Fabrikplanung nach Erkenntnissen von MÜLLER ET AL. zu stellen [MÜLL09, S. 120], siehe Abbildung 2.2. Diese Anforderungen werden generell an die fertigungstechnischen Prozesse und Produktionsabläufe, nicht nur in der Planung, gestellt. Obwohl die Fabrikplanung nicht das Kernthema dieser Arbeit darstellt, lassen sich die genannten Anforderungen durchaus auf die gesamte Fertigung ausweiten. Es zeigt sich, dass Anforderungen stets steigen und die Komplexität im Laufe der Entwicklung zunimmt. Als ein weiterer Bestandteil der Ausrichtung der Fertigung ist nun auch die energieeffiziente Produktion zu nennen. Dies zeigt sich auch in umfangreichen Projekten, wie beispielsweise dem Leitprojekt E^3-Produktion der Fraunhofer Gesellschaft. In diesem Projekt werden Lösungen entwickelt, um ausgehend vom heutigen Ziel der Gewinnmaximierung aus minimalem Kapitaleinsatz zukünftig die maximale Wertschöpfung aus minimalem Ressourceneinsatz anzustreben. In diesem Projekt arbeiten zahlreiche Institute zusammen, um vor allem die Energieeffizienz durch höhere Flexibilität von Produktionsanlagen und -prozessen sowie ein aktives Energiemanagement zu verbessern. Hierzu zählen sowohl der Einsatz von erneuerbaren Energiequellen wie auch die Verbesserung und Anpassung der Gebäudeinfrastruktur sowie -leittechnik [PUTZ15].

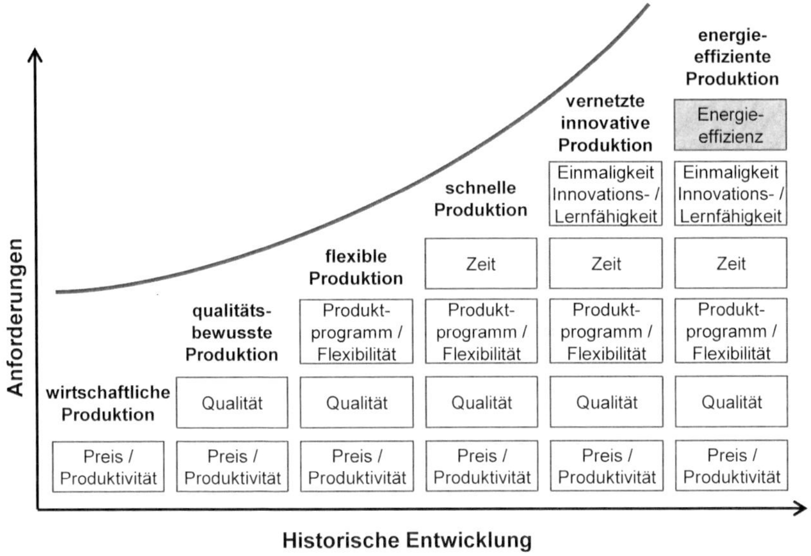

Abbildung 2.2: Energieeffizienz als neue Anforderung an die Fabrikplanung (in Anlehnung an MÜLLER ET AL. und ZAHN & SCHMIDT [MÜLL09, S. 120; ZAHN96])

Energy efficiency as new requirement for factory planning (according to MÜLLER ET AL. and ZAHN & SCHMIDT [MÜLL09, S. 120; ZAHN96])

Die Anforderungen und wesentlichen Treiber einer Entwicklung hin zur Einbeziehung von Ressourceneffizienzgesichtspunkten werden im Folgenden im Detail erläutert, um vor allem die Motivation von Unternehmen zu begründen. Vorhergehende Studien zeigen durch Befragungen auf, dass die aufgeführten Treiber, also gesetzliche Vorgaben, Kostenvorteile als auch Vorteile in der Außendarstellung, als wesentlich zu beurteilen sind [BEY13; MITT12; VDI11].

Gesetzliche Vorgaben

Zur weiteren Steigerung der Ressourceneffizienz hat die Europäische Union die Flaggschiffinitiative „A-resource-efficient Europe“ als Teil der Europa 2020-Strategie ins Leben gerufen. Diese Strategie setzt als eins der wesentlichen Ziele die Reduktion der in der EU emittierten Treibhausgase um 80-95 % bis zum Jahr 2050 fest [EURO11b]. Um dieses Ziel und die Steigerung der Ressourceneffizienz im Allgemeinen erreichen zu können, werden Indikatorenberichte auf regelmäßiger Basis angefertigt, um den aktuellen Stand der anvisierten Ziele zu überprüfen. Diese Berichte fokussieren auf unterschiedliche Indikatoren, die sowohl Treibhausgase, eingesetzte Mengen an natürlichen Ressourcen, aber auch Ressourceneffizienzkennzahlen wie das Bruttoinlandsprodukt pro eingesetzten Ressourcen enthalten [EURO13].

Als abgeleitete Ziele der strategischen europäischen Ausrichtung hat Deutschland in der Nachhaltigkeitsstrategie unter anderem die Rohstoffproduktivität und die Treibhausgasemissionen für den Bereich der Generationengerechtigkeit definiert [BUND12b; BUND02]. Darüber hinaus wird über die Bereiche Lebensqualität, sozialer Zusammenhalt und internationale Verantwortung berichtet. Diese Indikatoren werden regelmäßig überprüft und anhand der geplanten Sollentwicklung bewertet. In Abbildung 2.3 sind die Indikatoren Bruttoinlandsprodukt, Rohstoffentnahme und deren Quotient in ihrer Entwicklung der letzten Jahrzehnte dargestellt [STAT14].

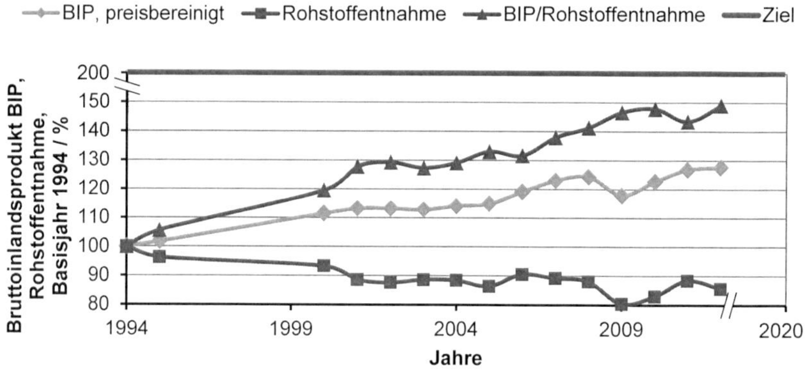

Abbildung 2.3: Rohstoffproduktivität, Bruttoinlandsprodukt und Rohstoffentnahme Deutschlands [STAT14]

Resource productivity, gross domestic product and resource harvesting of Germany [STAT14]

Aus dem zu Grunde liegenden Indikatorenbericht von 2014 geht hervor, dass in der Rohstoffproduktivität als Quotient des preisbereinigten Bruttoinlandsprodukts (BIP) und der Rohstoffentnahme (inkl. Importe) zur Erbringung dieser Wirtschaftsleistung das Ziel bis 2020 nur schwerlich erreicht werden kann. Weder der Rohstoffeinsatz noch das BIP konnten ausreichend verbessert werden, um das Ziel der Verdoppelung im Vergleich zu 1994 zu erreichen. Dennoch lässt sich ein eindeutig positiver Trend erkennen, der intensiviert werden muss. Die Rohstoffproduktivität ist ein Beispiel für eine Ressourceneffizienzkennzahl, die zur Steuerung der Verbesserung des Ressourcenverbrauchs verwendet werden kann und deswegen in der Nachhaltigkeitsstrategie Deutschlands verankert ist [STAT14].

Für die Treibhausgasemissionen mit den dafür wesentlichen Gasen CO_2, CH_4, N_2O, teilhalogenierte Fluorkohlenwasserstoffe (H-FWK, HFC), perfluorierte Kohlenwasserstoffe (FKW, PFC) und SF_6 wurde das Ziel definiert, als Durchschnittswert der Jahre 2008-2012 eine Reduktion von 21 % im Vergleich zu 1990 zu erreichen, vgl. Abbildung 2.4 [STAT14].

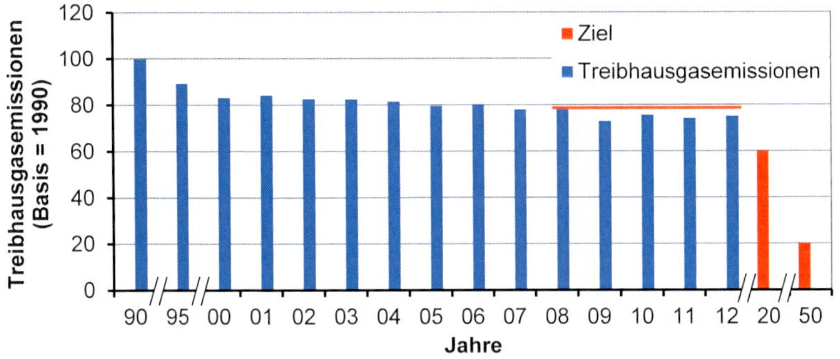

Abbildung 2.4: Treibhausgasemissionen Deutschlands zur Basis 1990 [STAT14]
Greenhouse gas emissions of Germany to the basis 1990 [STAT14]

Dieses Ziel wurde erreicht und die weitere Reduktion auf einen Vergleichswert von 60 % bis 2020 ist ebenfalls in Reichweite, wenn auch nur mit erhöhtem Aufwand. Dieser Indikator stellt im Wesentlichen die Verbrennung von fossilen Brennstoffen und die Stromverbräuche von privaten und industriellen Verbrauchern dar. Es ist also erkennbar, dass sowohl der Anteil erneuerbarer Energiequellen als auch eine Reduktion des Energiebedarfs für die Zielerreichung notwendig sind und bereits teilweise umgesetzt wurden [STAT14]. Auf Basis der aufgezeigten Indikatoren und vieler weiterer werden Schritt für Schritt Maßnahmen erlassen, die eine Reduktion des industriellen und privaten Ressourcenverbrauchs herbeiführen sollen.

Darüber hinaus wurde im Jahr 2003 das Emissionshandelsgesetz in der europäischen Richtlinie 2003/87/EG verabschiedet, das vorschreibt, dass für energieintensive Tätigkeiten Emissionszertifikate zu erwerben sind, die Unternehmen die Emission einer festgelegten Menge an Treibhausgasen erlauben. Zu den energieintensiven Tätigkeiten gehören im Wesentlichen die Energieerzeugung auf Basis fossiler Rohstoffe und die Gewinnung und Verarbeitung von Rohmetallen [BUND11]. Die produzierende Industrie selbst ist bisher nur in Form von energieintensiven Unternehmen wie etwa Metallschmelzbetrieben eingebunden. Die gesamte, zur Verfügung stehende Emissionsmenge wird in Form der Emissionszertifikate auf die Industriestaaten verteilt, die das Gesetz unterzeichnet haben [BUND11; EURO03]. Ungenutzte Zertifikate können hierbei in einem börsenähnlichen System gehandelt werden. Da einige Mitgliedsstaaten deutlich weniger Zertifikate benötigten, als ihnen zugewiesen waren, verfielen in den ersten Perioden von 2005-2007 sowie von 2008-2012 die Preise deutlich, so dass eine Emissionsregulation durch Kostendruck auf die emittierenden Unternehmen nicht erzielt werden konnte [BROC12]. In der aktuellen Phase von 2013-2020 werden die Emissionszertifikate nun zentral durch die Europäische Kommission und nicht mehr durch die Staaten selbst vergeben, was zu einer geregelten Marktdynamik führen soll, die höhere Zertifikatspreise nach sich zieht, um einen erkennbaren Kostendruck zur Reduktion von Emissionen zu erzeugen [BUND13]. Seit 2013 ist ein nur leicht ansteigender Preis der Zertifikate erkennbar [BUND15].

Noch sind für produzierende Unternehmen nur wenige Gesetze und Verordnungen tatsächlich relevant. Die Einführung von Energiemanagementsystemen nach DIN ISO 50001 kann hingegen kostenmindernde Effekte für Unternehmen haben. Diese Potenziale und entsprechende Erfordernisse zur Erreichung werden in Kapitel 2.2.2 erläutert.

Außendarstellung von Unternehmen

In den vergangenen Jahren hat sich gezeigt, dass Unternehmen davon ausgehen, dass Kunden und Endverbraucher sensibler auf Ressourceneffizienz reagieren und sich mit einer Ausrichtung auf Nachhaltigkeit Marktanteile gewinnen oder sichern lassen [BROC12]. Viele Unternehmen verfassen mittlerweile Nachhaltigkeitsberichte, in denen soziale, ökonomische und ökologische Unternehmensziele und deren Erfüllung dargelegt werden [BMW15; ROBE14; DAIM15]. Derartige Berichte können zur Sicherung der Marktposition eingesetzt werden, da nachhaltigkeitsaffine Kunden Engagements mit dem Ziel der Ressourceneffizienz potenziell honorieren. Darüber hinaus sind auch ressourceneffiziente Produkte für den Endkunden von Interesse. Energieeffizienzklassen bei elektrischen Geräten werden für viele Branchen bereits von der EU festgelegt und haben sich als Kaufkriterium etabliert [EURO10]. Bessere Effizienzklassen sind bei energieverbrauchenden Geräten ein Kaufargument, da während der Nutzungsphase des Produkts Einsparpotenziale bestehen, die mit dem ursprünglichen Kaufpreis verrechnet werden können. Die Vorteile von Marketingaktivitäten und einer durch Beachtung der Ressourceneffizienz erzeugten besseren Außendarstellung lassen sich nicht direkt in finanziellen Zahlen messen und haben oftmals langfristige Auswirkungen [SCHL14].

Kostenersparnisse

Neben den Kostenersparnissen, die durch das Einführen eines Energiemanagements und dem Erneuerbare-Energien-Gesetz (EEG) möglich sind, siehe Kapitel 2.2.2, ergeben sich für Unternehmen in den letzten Jahren viele Potenziale durch technische Neuerungen sowie eine zunehmende Sensibilisierung in Bezug auf die Energieeffizienz. Konkrete Einsparungspotenziale durch die Nutzung energieeffizienter Motoren, dem Verlustmanagement bei der Drucklufterzeugung und -nutzung im Unternehmen sowie durch den Einsatz geeignet dimensionierter Aggregate an Maschinen und Anlagen, führen zu Potenzialen der Kostenreduktion. Energieeffizienzmaßnahmen waren in der Vergangenheit nicht unbekannt, können aber erst durch die zunehmende Fokussierung und die Einordnung der erzielbaren Größenordnungen von Einsparungen als potenziell wirtschaftlich eingestuft werden [BREC14; HIRZ14]. Konkrete Umsetzungsbeispiele an Werkzeugmaschinen aus dem produzierenden Gewerbe sind an die Bearbeitungsaufgabe angepasste Maschinenkonzepte. So konnte durch die geeignete Wahl von frequenzgeregelten

Pumpen sowie Kühl- und Hydraulikaggregaten der Energieverbrauch eines Testwerkstücks im Labormaßstab um etwa 30 % reduziert werden [BREC12].

Um Kostenersparnisse unter gleichzeitiger Verbesserung der Ressourceneffizienz im Unternehmen umsetzen zu können, sind Strategien und top-down implementierte Vorgehensweisen notwendig. Einzelne, aufgedeckte Einsparpotenziale bei unterschiedlichsten Anlagen wie Druckluftkompressoren, Werkzeugmaschinen, aber auch der Hallenbeleuchtung sowie -klimatisierung müssen in großen Unternehmen an andere Fertigungslinien oder Standorte überführt werden. Wenn eine solche Vorgehensweise, die sich auch am Ansatz des Energiemanagementsystems nach DIN ISO 50001 orientieren kann, implementiert ist, können weitere Einsparungen realisiert werden [KLOC14b].

2.1.3 Das Konzept der Ökobilanzierung

The Concept of Life Cycle Assessment (LCA)

Die Anwendung der Ökobilanzierung hat sich im Umfeld der Fertigungstechnik in Einzelfällen etabliert und wird als Bewertungswerkzeug für alternative Prozessketten in Forschungsprojekten weltweit verwendet. Die Ökobilanzierung kann als Standard der Erfassung von ökologischen Auswirkungen der Herstellung von Produkten und Dienstleistungen auf die Umwelt beispielsweise in Form von Emissionen bezeichnet werden und soll im Folgenden näher beschrieben werden, da sie im Verlauf dieser Arbeit als ein wesentliches Werkzeug der Bewertung verwendet wird [KLOC13b; FINN09; GUIN11].

Die Methode der Ökobilanzierung erfasst und bestimmt die ökologischen Einflüsse auf die Umwelt innerhalb eines definierten Betrachtungsrahmens. Sie ist standardisiert in der DIN ISO 14040 sowie 14044 und gliedert sich in folgende vier Phasen [DIN14040; DIN14044]: Festlegung des Ziels und des Untersuchungsrahmens, Sachbilanz, Wirkungsabschätzung und Auswertung. Diese Phasen verlaufen stets iterativ und miteinander verbunden, vgl. Abbildung 2.5. Eine Ökobilanzierung enthält in ihrer umfassendsten Ausprägung eine *Lebenswegbetrachtung* des untersuchten Produkts, also von der Rohstoffgewinnung über die Verarbeitung der Rohstoffe, die Energieerzeugung, die Herstellung des Produkts und die Nutzung bis hin zur Abfallbehandlung und Entsorgung (cradle-to-grave, von der Wiege bis zur Bahre). Es existieren aber auch Bilanzierungen, die einzelne Phasen wie etwa die Herstellung eines Produkts bilanzieren. Diese werden als gate-to-gate Bilanzen, also vom Hallentor zum Hallentor bezeichnet. Darüber hinaus werden mit einer Ökobilanz nur die *ökologischen Faktoren* berücksichtigt, also keine ökonomischen und sozialen Eigenschaften, die als Gesamtes zur Nachhaltigkeit zusammengeschlossen sind. Als wesentliches Merkmal der Ökobilanz ist die *funktionelle Einheit* zu nennen. Alle in der Bilanz erfassten Daten und Analysen müssen sich stets auf die funktionelle Einheit beziehen. Als Beispiel einer funktionellen Einheit kann beispielsweise eine gewisse Masse oder eine Einheit eines Produkts genannt werden, auf die alle Aufwände in den beschriebenen Lebenswegphasen bezogen werden [DIN14040].

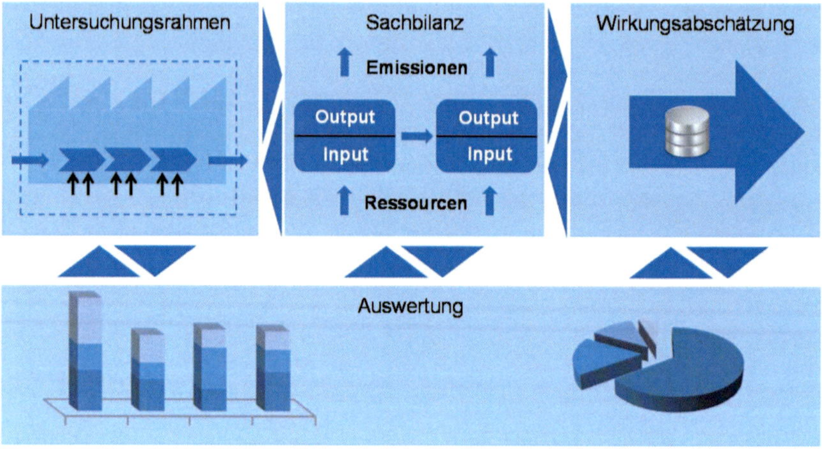

Abbildung 2.5: Phasen einer Ökobilanzierung in Anlehnung an DIN EN ISO 14040
Phases of a life cycle assessment corresponding to DIN EN ISO 14040

Festlegung des Ziels und des Untersuchungsrahmens

In der Phase der *Festlegung des Ziels und des Untersuchungsrahmens* ist der Zweck der Bilanzierung sowie der Adressatenkreis zu bestimmen. Je nach Anwendungszweck ist die Bilanzhülle, also der Umfang der zu erfassenden Einflüsse sowie Energie- und Stoffströme, zu wählen. Es ist an dieser Stelle notwendig, explizit nicht berücksichtigte Faktoren auszuschließen und zu begründen, aus welchen Gründen diese zu vernachlässigen sind. Diese Ausschlussfaktoren werden maßgeblich durch die Wahl des Anwendungszwecks und der Bilanzhülle bestimmt. Wesentliche Faktoren müssen eingebunden werden, um das Gesamtergebnis nicht zu verfälschen. Oftmals ist eine Anpassung der Systemgrenzen und des Untersuchungsrahmens im Verlauf der Durchführung einer Ökobilanzierung unerlässlich [DIN14040].

Sachbilanz

Die *Sachbilanz* ist die Phase der Ökobilanzierung, in der die Datenerhebung stattfindet. Im industriellen Umfeld ist hiermit meist die Datenerfassung zu bezeichnen. Es werden also zu allen in der Bilanzhülle befindlichen Energie- und Stoffströmen sowie Emissionen die tatsächlichen Größenordnungen bestimmt und im Verhältnis zur funktionellen Einheit dokumentiert. In der Anwendung werden hier Messgeräte, Abschätzungen und Simulationen eingesetzt, um die relevanten Daten zu bestimmen. Die genaue Vorgehensweise, Empfehlungen sowie Best-Practices werden im späteren Verlauf dieser Arbeit beleuchtet und ausführlich diskutiert [DIN14040].

Wirkungsabschätzung

Die *Wirkungsabschätzung* beinhaltet die Berechnung der Auswirkungen der in der Sachbilanz bestimmten Größen auf die Umwelt bzw. die ausgewählten Wirkungskategorien, die in der weiteren Interpretation herangezogen werden. Es existieren eine Reihe von Wirkungskategorien, die im folgenden aufgelistet sind (vgl. Tabelle 2.1). Diese Kategorien beschreiben die unterschiedlichen Auswirkungen auf die Umwelt. Der Abbau abiotischer und biotischer Ressourcen kann mit dem Antimon(Sb)-Äquivalent angegeben werden, das ein Indikator für den Ressourcenabbau ist. Ähnlich wird beim Treibhausgaspotenzial sowie dem Potenzial zum Abbau der Ozonschicht verfahren, deren Indikatoren das CO_2-Äquivalent sowie das FCKW(R11)-Äquivalent sind. Darüber hinaus ist der Primärenergiebedarf als ein weiteres Maß aufgezeigt [DIN14040].

Tabelle 2.1: Übersicht über übliche Wirkungskategorien der Ökobilanzierung nach DIN ISO 14040

Overview over usual impact categories of a life cycle assessment following DIN ISO 14040

Wirkungskategorie	Einheit der Bemessung
Abbau abiotischer Ressourcen (ADP)	kg Sb-Äquivalent
Abbau biotischer Ressourcen (ADP)	kg Sb-Äquivalent
Versauerungspotenzial (AP)	kg SO_2-Äquivalent
Eutrophierungspotenzial (EP)	kg Phosphat-Äquivalent
Potenzial globaler Erwärmung (GWP)	kg CO_2-Äquivalent
Potenzial zum Abbau der Ozonschicht (ODP)	kg R11-Äquivalent
Primärenergieabbau fossil (PED)	MJ
Primärenergieabbau erneuerbar (PED)	MJ
Photochemisches Ozonerstellungspotenzial (POCP)	kg Ethen-Äquivalent

Diese Wirkungskategorien sind in handelsüblichen Ökobilanzierungssoftwareprodukten nutzbar. Die Berechnung der Sachbilanz im Hinblick auf diese Wirkungskategorien erfolgt auf Basis umfangreicher Datenbanken, die für jedes Material und viele industrielle Herstellungsprozesse entsprechende Verbräuche und ökologische Wirkungen enthalten. Die Datenbanken werden mit unterschiedlichen Verfahren der Wirkungsabschätzung erzeugt und basieren auf unterschiedlichen Ansätzen. Eine Übersicht über aktuelle Methoden der Wirkungsabschätzung liefert Tabelle 10.1 im Anhang. Ziel der Untersuchungen in dieser Arbeit ist nicht die Bestimmung der tatsächlichen Auswirkung industrieller Fertigungstechnik auf ökologische Endpunkte, wie beispielsweise die Gesundheit von Menschen und Tieren, sondern die Einordnung unterschiedlicher Fertigungsketten in Bezug auf Midpoint-Kategorien wie Treibhausgasemissionen oder Ressourcenverbrauch. Die Einordnung der jeweiligen

Schadhaftigkeit lässt sich im produktionstechnischen Umfeld nur schwer einschätzen und sollte Experten überlassen werden. Insofern werden im weiteren Verlauf der Arbeit Midpoint-Modellierungsmethoden verwendet, von denen im Wesentlichen die Methoden CML 2002 sowie ReCiPe von Bedeutung sind, da diese ein breites Spektrum an Umwelteinflüssen abdecken, in den wesentlichen Softwareprodukten zur Ökobilanzierung enthalten sind und eine midpoint-Modellierung fokussieren. Die weiteren aufgelisteten Verfahren dienen der Vollständigkeit, sollen aber nicht weiter berücksichtigt werden.

Interpretation und Analyse der Ergebnisse

Als letzter Punkt einer Ökobilanzierung ist die *Interpretation und Analyse* der erzeugten Ergebnisse zu nennen. Diese Auswertung sollte immer mit dem ursprünglichen Ziel verglichen werden, um notwendigenfalls in einem iterativen Vorgehen die Bilanzhülle, die Vorgehensweise und somit die Untersuchungsergebnisse zu verbessern. Eine Auswertung muss vor dem Hintergrund des gesetzten Ziels erfolgen und ist auch nur für dieses Ziel nutzbar, da ansonsten die Vorgehensweise zu verändern ist [DIN14040].

2.2 Unternehmenssteuerung durch Kennzahlen

Management Control through Key Performance Indicators

„Kennzahlen sind betriebswirtschaftliche Informationskonzentrate“ [GLAD08, S. 11]. In der Betriebswirtschaft werden Kennzahlen als Steuerungs- und Analyseinstrument benutzt und entstehen im Wesentlichen durch eine Vielzahl an unterschiedlichen zu Grund liegenden Daten. Es wird unterschieden zwischen Kennzahlen im weiteren Sinne und Kennzahlen im engeren Sinne. Kennzahlen im weiteren Sinne beschreiben qualitative Informationen zur Unternehmenssteuerung und -analyse und umfassen hierbei Kennzahlen im engeren Sinne sowie Indikatoren. Die Kennzahlen im engeren Sinne beschreiben quantitativ erfassbare, also mathematisch nachvollziehbare Zusammenhänge. Indikatoren zielen darauf ab, die Realität zu beschreiben ohne jedoch klare Verrechnungsvorschriften abbilden zu können. Indikatoren sind also stets zahlenmäßige Repräsentationen der Realität, die auf einer unvollständigen Datengrundlage basieren [GLAD08, S. 11 f.].

Die Gesamtheit an in einem Unternehmen zu Verfügung stehenden Rohdaten ist unverarbeitet für die Unternehmenssteuerung nicht nutzbar, da notwendige Informationen noch nicht abgeleitet wurden. Als einfaches Beispiel dient der Umsatz eines Unternehmens. Er ist zwar starkes und repräsentatives Indiz für den Umfang der Geschäftstätigkeit, weist aber ohne eine Betrachtung der Kosten keinerlei Aussage über den Gewinn eines Unternehmens auf. Es bedarf also einer Verdichtung, Selektion und Kombination von Rohdaten, um für die Analyse und Steuerung nutzbare Informationen zu gewinnen. Grundsätzlich ist das Ziel der Kennzahlengenerierung die Informationsentlastung des Entscheiders, da Rohdaten in ihrer Gesamtheit nicht direkt zu interpretieren sind. Diese Vorgehensweise führt dazu, dass mit zunehmender Verdichtung von Daten mit dem damit verbundenen Informationsgewinn auch ein Informationsverlust einhergeht. Auf Basis von hochverdichteten Kennzahlen ist es oftmals nicht mehr möglich, Ursprünge für die quantitative Entwicklung der Kennzahlen zu identifizieren. Beispielsweise kann nur mit der Kennzahl des Gewinns nicht identifiziert werden, ob ein sinkender Umsatz oder steigende Kosten als Grund zu nennen sind. In der heutigen komplexen Unternehmensumgebung steigt die prinzipbedingte Gefahr des Informationsverlust bei der Nutzung von Kennzahlen enorm an [GLAD08, S. 11 ff.].

Kennzahlen werden oftmals im Controlling erzeugt und als Steuerungs- und Führungsinstrument in Unternehmen verwendet. Abbildung 2.6 zeigt das Zusammenwirken des Controllings mit anderen Systemen im Umfeld des Führungssystems eines Unternehmens [KÜPP13, S. 35 ff.].

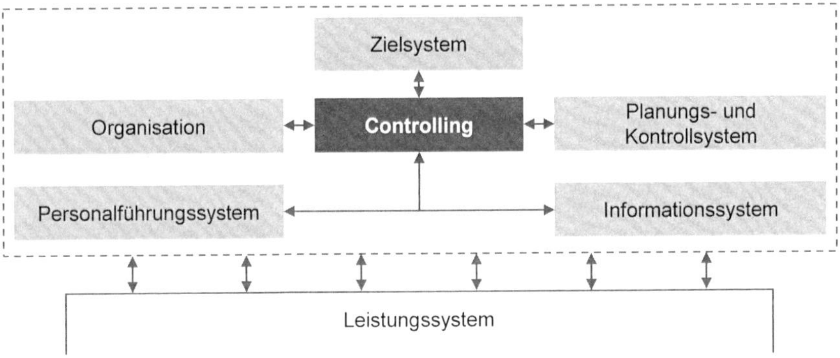

Abbildung 2.6: Controlling im Führungssystem einer Unternehmung in Anlehnung an KÜPPER [KÜPP13, S. 36]

Controlling in corporate governance following KÜPPER *[KÜPP13, S. 36]*

Im Controlling werden Daten und Informationen aus den Systemen für Organisation, Planung- und Kontrolle, Personalführung und Information zusammengeführt, um im Rahmen des Führungssystems eines Unternehmens das Leistungssystem zu steuern und zu überwachen. Im Leistungssystem werden die Leistungen des Unternehmens, also Produkte und Dienstleistungen erbracht [KÜPP13, S. 35 ff.]. Dem Controlling und den damit verbundenen Kennzahlen kommt dementsprechend eine bedeutende Rolle innerhalb von Unternehmen zu. Es ist das Bindeglied zwischen den leistungserbringenden Bereichen des Unternehmens und allen Führungssystemen, die wiederum auf die Ziele des Unternehmens abgestimmt sind.

Bei der Verwendung von Kennzahlen zur Beschreibung der Ressourceneffizienz in der Fertigungstechnik ist vor allem der Informationsverlust zu erläutern. Eine Fokussierung nur auf elektrische Energie als Ursprung für Emissionen bzw. ökologische Auswirkungen der Fertigung vernachlässigt wesentliche Effekte, beispielsweise durch Kühlschmierstoffe, die oftmals auf Ölbasisprodukten basieren, oder Chemikalien und Gase, die für viele Prozesse unverzichtbar sind. Im späteren Verlauf dieser Arbeit werden Verbrauchsarten vorgestellt und in Kennzahlen zusammengefasst, die nicht in Bezug auf ihre ökologische Wirkung vernachlässigt werden können. Wie bereits für das Konzept der Ökobilanzierung beschrieben, müssen wesentliche Einflussfaktoren durch eine angemessene Bilanzhülle in die Untersuchungen eingebunden werden [SCHL11a].

2.2.1 Aufgaben von Kennzahlen und Aufbau von Kennzahlensystemen

Tasks of Indicators and Structure of Key Performance Indicator Systems

Kennzahlen werden nach ihrem Verwendungszweck kategorisiert. Es wird unterschieden zwischen Informations- und Steuerungszweck. Während informationsbezogene Kennzahlen Sachverhalte aufklären und genaue Analysen ermöglichen sollen, dienen die steuerungsbezogenen Kennzahlen dem Controlling. In der vorliegenden Arbeit wird eine Kombination aus beiden Verwendungszwecken angestrebt, da für den Entscheider in erster Linie Steuerungskennzahlen von Interesse sind, für eine weitere detaillierte Analyse sind Informationskennzahlen allerdings unverzichtbar [KÜPP13, S. 365 ff.].

In folgender Abbildung 2.1 werden die Hauptaufgaben von Kennzahlen grundsätzlich dargestellt.

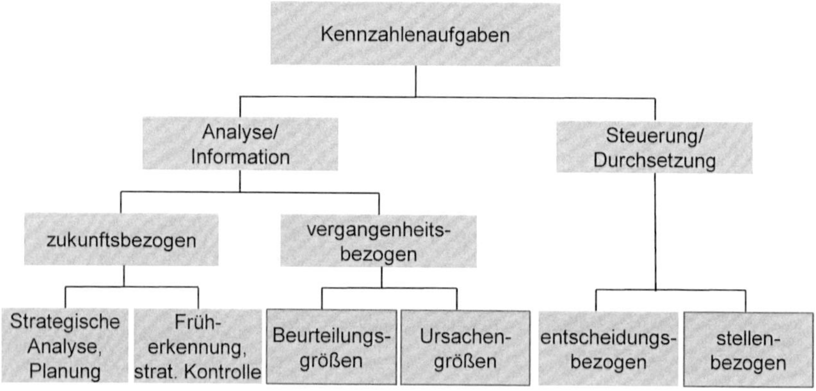

Abbildung 2.1: Übersicht über Aufgaben von Kennzahlen nach GLADEN und KÜPPER [GLAD08, S. 35; KÜPP13, S. 475]

Overview of goals of key performance indicators following GLADEN and KÜPPER [GLAD08, S. 35; KÜPP13, S. 475]

Primär wird unterschieden zwischen Analyse- und Informationsaufgaben sowie Steuerungs- und Durchsetzungszielen. Im Bereich der Analyse sind zukunftsbezogene Aufgaben, wie die strategische Planung sowie die Früherkennung, aber auch vergangenheitsbezogene Aufgaben zu nennen. Die zukunftsbezogenen Aufgaben werden unter anderem durch Vorlaufindikatoren bewerkstelligt, die bereits heute eine

Aussage über zukünftige Entwicklungen treffen können. Bei vergangenheitsbezogenen Aufgaben steht vor allem die Analyse von Sachverhalten, die sich in Kennzahlen widerspiegeln, im Vordergrund. Es gilt Fehlstellungen rechtzeitig zu erfassen und Zusammenhänge im Unternehmen zu begründen. Für die Steuerung auf Basis von Kennzahlen wird unterschieden in entscheidungsbezogene und stellenbezogene Aufgaben. Stellenbezogene Kennzahlen beziehen sich auf wiederkehrende Bewertungszusammenhänge, die keine Bereichs- oder Individualziele erfüllen sollen. Für Entscheidungen müssen Kennzahlen gesondert ausgewählt werden, um auf das entsprechende Problem besonders angepasst zu sein. Im Gegensatz zu stellenbezogenen Aufgaben sind diese Kennzahlen viel offener und genereller gehalten [KÜPP13, S. 475 ff.]. Für die Aggregation von Kennzahlen ist es notwendig zu unterscheiden, inwiefern Kennzahlen lediglich lokalen Anwendungsbezug haben, dementsprechend nur für bestimmte Unternehmensbereiche nutzbar oder global unternehmensweit anwendbar sind [WEBE11, S. 173].

Für die Kennzahlensystematik in dieser Arbeit sind auf der einen Seite entscheidungsbezogene Kennzahlen bedeutsam, sollen aber eher einen Stellenbezug aufweisen. Die Methodik zielt konkret auf eine Anwendung in auf die Auswahl von Prozessketten spezialisierten Unternehmensbereichen ab, beispielsweise in der Technologieplanung. Ebenfalls könnte die Methodik durch zentrale Stellen zur Energie- und Ressourcenverbrauchsreduktion genutzt werden, diese sind jedoch nur in größeren Unternehmen üblich. Weiterhin soll für einen Soll-Ist-Abgleich auch die Anwendung von vergangenheitsbezogenen Kennzahlen ermöglicht werden, so dass nach erfolgreicher Auswahl und Installation einer Prozesskette die Validität der zuvor getätigten Auswahl geprüft und in einem kontinuierlichen Verbesserungsprozess die Vorgehensweise verbessert werden kann.

Über die Auswahl der Kennzahlen hinaus, muss ein zusammenhängendes Kennzahlensystem erarbeitet werden. Die Anforderungen an ein Kennzahlensystem sind in Abbildung 2.7 dargestellt.

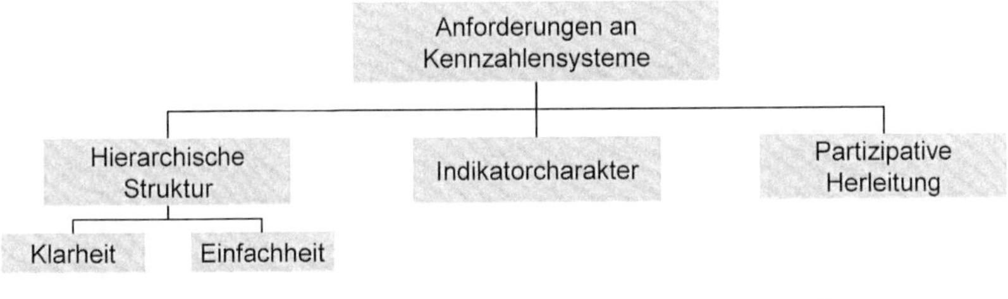

Abbildung 2.7: Anforderungen an Kennzahlensysteme nach KÜPPER [KÜPP13, S. 481]
Requirements of indicator systems according to KÜPPER [KÜPP13, S. 481]

Kennzahlensysteme müssen *hierarchisch strukturiert* sein, damit Unterkennzahlen zur Beschreibung einer Spitzenkennzahl herangezogen werden können, um die Herkunft nachvollziehbar erklären zu können. Diese Hierarchie ist für eine Ursachenanalyse unerlässlich und für die Interpretation der Bewertung der Ressourceneffizienz von besonderer Bedeutung. Im Vordergrund stehen bei der Strukturierung die Klarheit und Einfachheit, um Zusammenhänge nicht unnötig zu verschleiern. Durch den *Indikatorcharakter* ergibt sich in einem Kennzahlensystem eine der Strukturierung entgegenwirkende Offenheit. Mehrere Indikatoren pro Stufe zur Erzeugung einer übergeordneten Kennzahl führen zu nicht zwingend mathematischen Abhängigkeiten, erlauben aber eine umfangreichere Beschreibung. Diese Vorgehensweise ist vor allem bei Indikatoren zielführend, die nur empirische Zusammenhänge zur übergeordneten Kennzahl aufweisen. Die p*artizipative Herleitung* postuliert eine Einbeziehung der entsprechenden Entscheider und Fachkräfte mit vorhandenem Erfahrungswissen. Im Falle der vorliegenden Arbeit ist also eine Einigung über wesentliche Bewertungsfaktoren unter Beachtung der Zielsetzung des Unternehmens erforderlich [KÜPP13, S. 480 ff.].

Für die Entwicklung von Kennzahlensystemen existieren nach KÜPPER die *logische Ableitung*, die *empirisch-theoretische Fundierung*, die *empirisch-induktive Gewinnung* sowie die *modellgestützte Rechtfertigung*. Die *logische Ableitung*, die auch beim DUPONT-System verwendet wird, weist einen hohen Grad des Zusammenhangs der zu Grunde liegenden Kennzahlen auf. Die Spitzenkennzahl, der Gewinn in % des investierten Kapitals (ROI, engl.: Return on Invest), setzt sich zusammen aus der Multiplikation des Gewinns in % mit dem Kapitalumschlag. Diese Unterkennzahlen wiederum werden mittels mathematischer Zusammenhänge berechnet. Somit können mit dieser Vorgehensweise nachvollziehbare und rechnerisch leicht lösbare Kennzahlensysteme erstellt werden. Eine logische Herangehensweise kann allerdings für die Bewertung der Ressourceneffizienz nicht verwendet werden, da diese Art der Herleitung eines Kennzahlensystems keine Ursache-Wirkungszusammenhänge darstellen kann. Diese sind meist empirischer Natur [KÜPP13, S. 483 ff.].

Bei der *empirisch-theoretischen* Fundierung wird ein Kennzahlensystem auf Basis von Hypothesen und empirisch-theoretischen Zusammenhängen aufgebaut. So werden Abhängigkeiten von Einflussfaktoren bestimmt, deren Entwicklung mit quantitativen Kennzahlen beschrieben werden können [KÜPP13, S. 486 f.]. Im Kosteneinflussgrößensystem nach GUTENBERG wird die Abhängigkeit der Kosten von der Beschäftigung, der Preise der Einsatzgüter, der Betriebsgröße, der Qualität der Einsatzgüter sowie des Fertigungsprogramms postuliert [GUTE83, S. 344 ff.]. In diesen Zusammenhängen werden keine mathematischen Formeln verwendet, um die Entwicklung der Kosten quantitativ genau zu bestimmen, aber alle Einflussfaktoren stellen deutliche Indikatoren zu Interpretation der Kosten eines Unternehmens dar. Diese Herangehensweise zur Erstellung von Kennzahlensystemen erfordert grundlegende Hypothesen und entsprechende Indikatoren [KÜPP13, S. 486 f.].

In der *modellgestützten Ableitung* von Kennzahlensystemen werden gültige Berechnungsvorschriften verwendet, um die Planung mit Hilfe von Kennzahlen direkt zu unterstützen. Typische Anwendungen sind die Auswahl einer geeigneten Produktionsmenge eines Monats aus Gesichtspunkten der Lagerhaltung. So muss ein Mindestlagerbestand für den Folgemonat eingeplant werden unter möglichst guter Erfüllung des durch Kunden angefragten Absatzes [KÜPP13, S. 491 ff.]. Diese Methode der Kennzahlengenerierung findet in dieser Arbeit keine weitere Anwendung. Modellierungsansätze werden in der Erzeugung von Energie- und Materialverbrauchsdaten verwendet.

Die *empirisch-induktive Gewinnung* von Kennzahlen- und Zielsystemen fokussiert auf allgemeingültigen Zusammenhängen, die aus der Empirie gewonnen werden können. Ein solches Vorgehen bietet sich in der Fertigungstechnik dort an, wo keine eindeutigen Abhängigkeiten von empirischen Ergebnissen direkt auf die Zielsetzungen mathematisch oder modellhaft erkennbar sind. Zielführende Werkzeuge zur Unterstützung dieser empirisch-induktiven Zusammenhänge sind statistische Verfahren wie die Regressionsanalyse, Dependenz- sowie Interdependenzanalysen, Clusterbildungsverfahren oder Faktorenanalysen. Diese Ansätze werden in der Fertigungstechnik meist im Rahmen von Design-of-Experiment-Vorgehensweisen durchgeführt und zur mathematischen Begründung von Ursache-Wirkungszusammenhängen verwendet [KÜPP13, S. 488 ff.].

Der Aufbau des Kennzahlensystems zur Bewertung der Ressourceneffizienz von alternativen Prozessketten beschränkt sich in dieser Arbeit nicht auf ein einzelnes der vorgestellten Verfahren. Vielmehr werden empirisch-induktive Indikatoren und Kennzahlen für die Beschreibung der Hauptkennzahlen verwendet. Zur Reduktion des Ressourceneinsatzes wird beispielsweise der kumulierte Energieaufwand verwendet, der ein repräsentativer Indikator für den Ressourceneinsatz ist, allerdings keine einzelnen Stoffe in ihrer Kritikalität beurteilen kann. Die Ausprägungen der Bewertungskriterien werden weitestgehend durch Energie- und Materialverbrauchsdaten auf Prozessniveau bestimmt und mittels logischer Zusammenhänge mathematisch errechnet. Eine modellgestützte Ableitung der Kennzahlen aus den Rohdaten der Energie- und Materialverbräuche ist wesentlicher Bestandteil des Kennzahlensystems. Die beschriebenen Vorgehensweisen sind Teil der Ausführungen in Kapitel 5.

2.2.2 Energiemanagementsystem nach ISO 50001

Energy Management System according to ISO 50001

Energiemanagementsysteme (EnMS) nach Normverordnungen werden innerhalb Deutschlands und der EU mit finanziellen Erleichterungen belohnt. Seit April 2012 ist die ursprüngliche, nahezu inhaltsgleiche DIN EN 16001 zurückgezogen und durch die internationale Norm DIN EN ISO 50001 ersetzt worden. Ziel dieses Energiemanagementsystems in Unternehmen ist es, die Verbesserung der Energieeffizienz zu dokumentieren und voranzutreiben. Es ist grundsätzlich ein PDCA-Zyklus (Plan-Do-Check-Act) durchzuführen, der eine kontinuierliche Verbesserung gewährleisten soll. Durch die zertifizierte Nutzung eines Energiemanagementsystems nach DIN 50001

[DIN50001] kann im Bereich der energieintensiven Unternehmen des produzierenden Gewerbes sowie Schienenbahnen die EEG-Umlage, die die Zusatzkosten durch erneuerbare Energien auf die Stromendverbraucher umlegt, stark reduziert werden. Diese Reduktion orientiert sich an der Bruttowertschöpfung des Unternehmens und einem mindestens zu zahlenden Betrag der EEG-Umlage bei einem fixen Selbstbehalt von einer Gigawattstunde, der voll zu zahlen ist. Ziel dieser Regelung ist es, besonders energieintensive Unternehmen, gemessen am Energieverbrauch pro Bruttowertschöpfung, nicht wesentlich zu benachteiligen und eine eventuelle Abwanderung nicht zu forcieren [BAFA14]. Im Bereich der energieintensiven Unternehmen des produzierenden Gewerbes sind hauptsächlich materialerzeugende oder erstbearbeitende Unternehmen durch das EEG gelistet [DEUT14]. Die möglichen Erleichterungen führen zu finanziellen Vorteilen durch die Fokussierung auf Aspekte der Ressourceneffizienz.

Über rein finanzielle Anreize hinaus, ist die Einführung eines Energiemanagementsystems ein vielversprechender Ansatz, um die Transparenz der Verbräuche zu erhöhen und eine eindeutige Zuordnung der Verantwortlichkeit zu ermöglichen. Vor allem fehlende Transparenz und keine expliziten Verantwortlichen für Energieeffizienzmaßnahmen sind oftmals Hemmnisse der Einführung dieser Maßnahmen [HIRZ11].

2.3 Wissenschaftliche Ansätze zur Bewertung der Ressourceneffizienz

Scientific Approaches for Evaluating Resource Efficiency

In der aktuellen Wissenschaft sowie auch in der industriellen Anwendung haben sich einige Methoden und Verfahren der Bewertung der Ressourceneffizienz entwickelt. Auf unterschiedlichen Ebenen, also sowohl auf oberster Unternehmensebene als auch auf Fabrik-, Linien- und Maschinenebene finden sich unterschiedliche Kennzahlensysteme und Vorgehensweisen, die eine Bewertung ermöglichen und die Unternehmenssteuerung unterstützen sollen.

2.3.1 Multikriterielle Bewertungsverfahren

Multi-Attribute Decision Making Methods

Multikriterielle Bewertungsverfahren ermöglichen es, unterschiedliche Kriterien, die jeweils kardinale, ordinale oder nominale Ausprägungen besitzen, miteinander zu verknüpfen und zu einer Bewertung zu verwenden. Beispielsweise lassen sich quantitative Ausprägungen (kardinal) wie etwa Kosten, Verbräuche und Mengen direkt mit qualitativen Ausprägungen (ordinal) wie „sehr gut“, „gut“ oder „schlecht“ verknüpfen. Dementsprechend können vor allem unterschiedliche qualitative Merkmale, also auch unterschiedliche Einheiten miteinander verglichen und letztendlich bewertet werden. Es lassen sich durch multikriterielle Bewertungsverfahren Kosten mit CO_2-Emissionen in Zusammenhang bringen, ohne eine direkte Verknüpfung über Kosten pro CO_2-Emissionsmenge zu benötigen. Diese Verfahren entstammen dem Bereich des Operations Research, der sich damit beschäftigt, aus einer Menge an Entscheidungen die für den Entscheider bestmögliche ausfindig zu machen und dabei notwendige Randbedingungen zu beachten [NEUM02].

Bei der Nutzung von multikriteriellen Entscheidungsunterstützungsmethoden (MCDA, engl.: Multiple-Criteria Decision Analysis) wird grundsätzlich unterschieden in Multi-Objective Decision Making (MODM) und Multi-Attribute Decision Making (MADM). Bei den MODM-Ansätzen werden ideale Ausprägungen identifiziert, während bei den MADM-Verfahren aus einer definierten Anzahl an Alternativen die für den Entscheider beste ausgewählt wird. Im vorliegenden Anwendungsfall sind also MADM-Verfahren von Bedeutung. Diese teilen sich wiederum in klassische Ansätze und Outranking-Ansätze auf [HWAN81; ZIMM91, S. 25 ff.]. An dieser Stelle soll ein wesentlicher klassischer Ansatz dargestellt werden. Die weiteren Verfahren werden im Hauptteil der Arbeit beleuchtet und vertieft. Der analytische Hierarchie-Prozess (engl.: Analytical Hierarchy Process, kurz AHP) ist ein Verfahren, das den klassischen Ansätzen des Multiple Attribute Decision Making (MADM) zugeordnet werden kann. In dieser Gruppe von multikriteriellen Entscheidungsverfahren wird eine endliche Menge an Alternativen analysiert. Diese Alternativen werden anhand von Ausprägungen zu berücksichtigenden Kriterien (Höhenpräferenz) unter gleichzeitiger Einbeziehung der Wichtigkeit der Kriterien (Artenpräferenz) untereinander in eine Rangfolge gebracht [SCHN91]. Die Möglichkeit, den AHP in Bezug auf Ressourceneffizienz zu verwenden, wurde erwiesen [REIN13]. Bei der Anwendung des AHP sind im wesentlichen zwei Schritte durchzuführen, die im Folgenden erläutert werden: Gewichtung der Kriterien und Bewertung der Ausprägungen der Kriterien.

Gewichtung der Kriterien

Die Definition der Kriterien muss notwendigerweise alle miteinander in Verbindung zu bringenden Bewertungskategorien umfassen. Beispiele für diese Kategorien sind der Ressourcenverbrauch einer Technologiekette oder deren Kosten. Diese Kategorien können beliebig weiter untergliedert sein, um eine Hierarchie abzubilden. Die Kriterien können dann mittels unterschiedlicher Verfahren gewichtet werden. Im AHP ist grundsätzlich die so genannte Eigenwertmethode zu verwenden, um alle Kriterien untereinander auf einer definierten Skala zu gewichten. Diese Skala beinhaltet die Bewertungen 1 (gleich wichtig), 3 (etwas wichtiger), 5 (viel wichtiger), 7 (sehr viel wichtiger), 9 (enorm viel wichtiger). Bei nicht ausreichender Möglichkeit der Unterscheidung können auch die Zwischenstufen 2, 4, 6 und 8 verwendet werden. Zur Gewichtung werden diese bestimmten Vergleiche in der Matrix A eingetragen. Die Matrix beinhaltet die Vergleichswerte a_{ij}, die dem Vergleich des Kriteriums i mit Kriterium j entspricht. Es ergibt sich folgende Matrix bei n Kriterien [SAAT06, S. 13 ff.]:

$$A = \begin{pmatrix} 1 & a_{12} & \dots & a_{1n} \\ \frac{1}{a_{12}} & 1 & \dots & a_{2n} \\ \vdots & \vdots & \ddots & \vdots \\ \frac{1}{a_{1n}} & \frac{1}{a_{2n}} & \dots & 1 \end{pmatrix} \quad \text{mit } \{a_{ij} | \, i,j \in N\} \in R^{n \, x \, n} \qquad (2.2)$$

Mit dem zugehörigen maximalen Eigenwert λ_{max} lassen sich die lokalen Gewichte der jeweiligen Kriterien nun bestimmen. Dazu ist folgender Zusammenhang zu lösen:

$$\det|A - \lambda \cdot E| = 0 \quad \text{mit } E = Einheitsmatrix \qquad (2.3)$$

Die Lösung folgender Gleichung führt zum gesuchten Eigenvektor ω:

$$(A - \lambda_{max} \cdot E) \cdot \omega = 0 \qquad (2.4)$$

Der Eigenvektor ist anschließend zu normieren, um zu den Gewichten $\omega_{k,lokal}$ der Kategorien zu gelangen. Es gilt:

$$\sum_{k=1}^{n} \omega_{k,lokal} = 1 \qquad (2.5)$$

mit $\omega_{k,lokal}$: Gewicht der Kategorie k

Durch die Bestimmung der Kriteriengewichte durch den Nutzer kann eine Inkonsistenz entstehen. Beispielsweise stuft der Nutzer die Bedeutsamkeit der Kosten höher ein als die Bedeutsamkeit der CO_2-Emissionen und diese wiederum stärker als die Bedeutsamkeit der Durchlaufzeit. Sollte der Nutzer nun die Durchlaufzeit stärker bewerten als die Kosten, so wäre eine große Inkonsistenz gegeben. Grundsätzlich sollte also für die Gewichtung der Kriterien i, j und k gelten:

$$a_{ik} = a_{ij} \cdot a_{jk} \qquad (2.6)$$

SAATY hat bei der Entwicklung des AHP einen Konsistenzindex (engl.: C.I.: Consistency Index) zum zahlenmäßigen Nachweis der Konsistenz definiert [SAAT06, S. 84 ff.]:

$$C.I. = \frac{\lambda_{max} - n}{n - 1} \qquad (2.7)$$

Dieser Konsistenzindex beschreibt mathematisch den normierten Abstand des maximalen Eigenwerts zum Rang n der Matrix. Darüber hinaus ist die Größe der Matrix über den Random Index (R.I.) im so genannten Konsistenzverhältnis (engl.: C.R., consistency ratio) einbezogen [SAAT06, S. 84 ff.]:

$$C.R. = \frac{C.I.}{R.I.} \qquad (2.8)$$

Der Random Index hängt von der Größe der Matrix ab und ist nach Tabelle 2.2 definiert.

Tabelle 2.2: Random Indizes in Abhängigkeit von der Größe der Paarvergleichsmatrix nach SAATY [SAAT06, S. 84]

Random indices corresponding to the size of the pairwise comparison matrix following SAATY [SAAT06, S. 84]

n	1	2	3	4	5	6	7	8	9	10
R.I.	0	0	0,52	0,89	1,11	1,25	1,35	1,40	1,45	1,49

Konsistenzniveaus von C.R. < 0,1 werden als akzeptabel angesehen. Bei Werten C.R. > 0,1 sollten die Angaben überprüft und im Idealfall verbessert werden, um fehlerhafte Gewichtungen und eine entstehende Inkonsistenz zu vermeiden.

Bewertung der Ausprägungen von Kriterien

Um die jeweiligen Ausprägungen der Bewertungskriterien in eine Rangfolge zu bringen, werden im analytischen Hierarchie-Prozess alle Ausprägungen von m Alternativen paarweise miteinander verglichen. Diese Vergleiche werden in Matrizen B_k für jede Kategorie k überführt, die dieselbe Struktur wie die Gewichtungsmatrix aufweisen [SAAT06, S. 14 ff.]:

$$B_k = \begin{pmatrix} 1 & b_{12} & \dots & b_{1n} \\ \frac{1}{b_{12}} & 1 & \dots & b_{2n} \\ \vdots & \vdots & \ddots & \vdots \\ \frac{1}{b_{1n}} & \frac{1}{b_{2n}} & \dots & 1 \end{pmatrix} \quad \text{mit } \{b_{o,p} | \, o,p \in N\} \in R^{m\,x\,m} \tag{2.9}$$

Analog zum vorherigen Vorgehen der Gewichtung, wird mittels der Eigenwertmethode die Bewertung der Ausprägungen durchgeführt. So erhält jede Ausprägung i der Kategorie k eine Bewertung z_{ik} auf einer Skala von 0 bis 1. Diese Bewertungen werden dann mit den zugehörigen Kriteriengewichten multipliziert und für jede Alternative zur Bewertung u_i summiert:

$$u_i = \sum_{k=1}^{n} \omega_k \cdot z_{ik} \tag{2.10}$$

mit $\{u_i \in R | 0 \leq u_i \leq 1]\}$

So ergibt sich für jede Alternative eine Gesamtbewertung und dementsprechend eine Rangfolge der Alternativen [SAAT06, S. 14 ff.]. Es existieren weitere Methoden, wie beispielsweise TOPSIS oder PROMETHEE I sowie II, die in Kapitel 6.1 der Arbeit näher beschrieben und verwendet werden. Diese Methoden bestimmen die Ausprägungen der bereits gewichteten Bewertungskriterien und die Vorgehensweise zur Berechnung der Rangfolge aller Alternativen. Je nach Methode ist das gesamte Verfahren nach erfolgter Gewichtung der Kriterien automatisch durchführbar.

2.3.2 Ansätze zur Bestimmung von Prozessverbräuchen

Approaches for Determining Process Consumptions

Als Basis für alle Bewertungsmethoden der Ressourceneffizienz müssen Verbrauchsmengen von Energie und Materialien bestimmt werden. Hierzu haben sich unterschiedliche Ansätze etabliert.

Es existieren übergeordnete Ansätze, die eine ungefähre Abschätzung der Prozessenergie inklusive der notwendigen Maschinenenergie ermöglichen sollen. GUTOWSKI ET AL. entwickelten eine Übersicht über unterschiedliche Fertigungsverfahren und deren Energiebedarfe. Hierbei ergab sich der so genannte „Hockey-Stick“, in dem für unterschiedliche Fertigungsverfahren die spezifische Prozessenergie, definiert als Energie pro abgetragenem oder aufgebautem Volumen, über der Prozessgeschwindigkeit, definiert als Volumen pro Zeit, aufgetragen ist, vgl. Abbildung 2.8 [GUTO06]. Es zeigt sich, dass bei größeren Abtrags- bzw. Auftragsraten bei den Fertigungsverfahren geringere spezifische Energiebedarfe notwendig sind und sich ein schlägerähnlicher Verlauf im doppeltlogarithmischen Diagramm ergibt. Die Bandbreite des spezifischen Energiebedarfs dieses Ansatzes ist auch innerhalb der jeweiligen Fertigungsverfahren enorm, da eine große Bandbreite unterschiedlicher Prozessführungen unter den jeweiligen Verfahren subsummiert wird. Beispielsweise weisen Schlichtprozesse im Gegensatz zu Schruppprozessen in der Zerspanung deutlich unterschiedliche spezifische Energiebedarfe auf. Die Anwendung des gezeigten Ansatzes kann in der Bewertung von einzelnen Prozessketten dementsprechend nur für grobe Abschätzungen empfohlen werden und ist für die Vorhersage von Prozessverbräuchen ungeeignet.

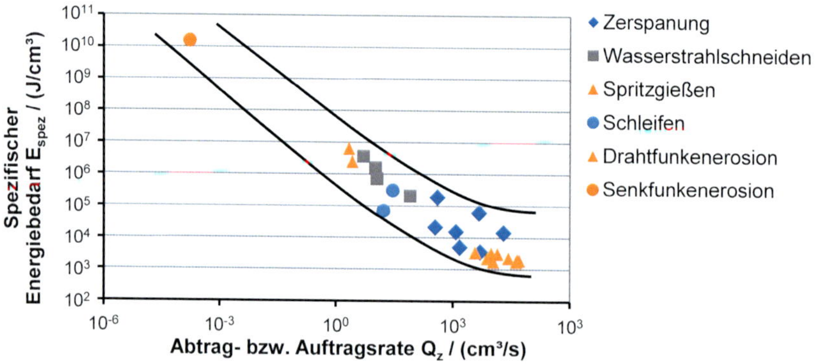

Abbildung 2.8: Spezifischer Energiebedarf E_{spez} über Abtrags- bzw. Auftragsrate Q_z für unterschiedliche Fertigungsverfahren nach GUTOWSKI ET AL. [GUTO06]

Specific energy consumption E_{spez} depending on process rate Q_z of manufacturing technologies following GUTOWSKI ET AL. *[GUTO06]*

Darüber hinaus wird ausschließlich das Zerspanvolumen verwendet und die Maschinentechnik sowie Prozessführung außer Acht gelassen. KARA UND LI entwickelten einen ähnlichen Ansatz. Dieser Ansatz stellt für den spezifischen Energiebedarf E_{spez} den folgenden Zusammenhang auf:

$$E_{spez} = C_0 + \frac{C_1}{Q_z} \quad [J/cm^3] \quad (2.11)$$

C_0:	maschinenspezifischer Faktor	[J]
C_1:	maschinenspezifischer Faktor	[$J \cdot cm^3/s$]

Diese Formel kann für eine Kombination aus Werkzeugmaschine, Werkzeug und Werkstoff einmalig bestimmt werden und besitzt eine ausreichende Gültigkeit für überschlägige Berechnungen. Für die Bestimmung der maschinenspezifischen Faktoren C_0 und C_1 sind allerdings Messungen der elektrischen Leistungsaufnahme der Werkzeugmaschine notwendig, so dass eine generelle Anwendung stets Messaufwand erfordert [KARA11].

Das Framework des *Unit Process Life Cycle Inventory (UPLCI)* stellt im Rahmen der CO_2PE!-Initiative eine ganzheitliche Herangehensweise zur Bestimmung und Veröffentlichung ökologischer Auswirkungen von Fertigungsprozessen dar [DUFL10]. In diesem Framework kann auf eine Datenbank zurückgegriffen werden, die für unterschiedlichste Verfahren grundsätzliche Daten auf Basis der funktionellen Einheit bereitstellt. Darüber hinaus ist es das Ziel, dass möglichst alle Benutzer ihrerseits erfasste Wirkungsdaten in die Datenbank übertragen. In einem Peer-Review werden diese Daten auf Plausibilität geprüft und bei Übereinstimmung bzw. Erweiterung in die UPLCI Datenbank überführt, vgl. Abbildung 2.9. Ziel der Initiative ist es, alle Prozesse, die auf Werkzeugmaschinen durchgeführt werden, in einer internationalen Zusammenarbeit in Bezug auf die ökologische Wirkung relativ zu einer funktionellen Einheit zu charakterisieren [KELL11].

Das Vorgehen zur Bestimmung der ökologischen Auswirkung eines Fertigungsprozesses wird wie folgt durchgeführt [KELL11]:

A Bestimmung des zu untersuchenden Prozesses in Anlehnung an DIN 8580

B Registrierung des eigenen Bewertungsvorhabens, um den Vergleich ähnlicher Untersuchungen zu erlauben

C Der Schritt C umfasst die eigentliche Untersuchung des zu untersuchenden Prozesses. Grundsätzlich besteht die Wahl zwischen einem Screening Ansatz mit vergleichsweise geringer Erfassungstiefe, einer Tiefenanalyse oder einer Kombination aus beiden Varianten.

D Die generierten LCI Daten werden dem CO_2PE!-Team zu Verfügung gestellt, so dass diese nach einem Peer Review in der UPLCI Datenbank gespeichert werden können.

E Je nach Bedarf können unterschiedliche Institutionen einen Austausch ähnlicher Vorhaben durchführen, um die Datenqualität zu erhöhen. Dies ist sowohl vor als auch nach dem Peer Review möglich.

F Eine gemeinsame Veröffentlichung und dementsprechende Dissemination der LCI Daten ist möglich.

G Als Folge einer Tiefenanalyse ist es wahrscheinlich, dass Einsparpotenziale identifiziert werden. Diese sollten konkret benannt und zur Verfügung gestellt werden.

H Formulierung von Best Practices auf Basis der identifizierten Einsparpotenziale

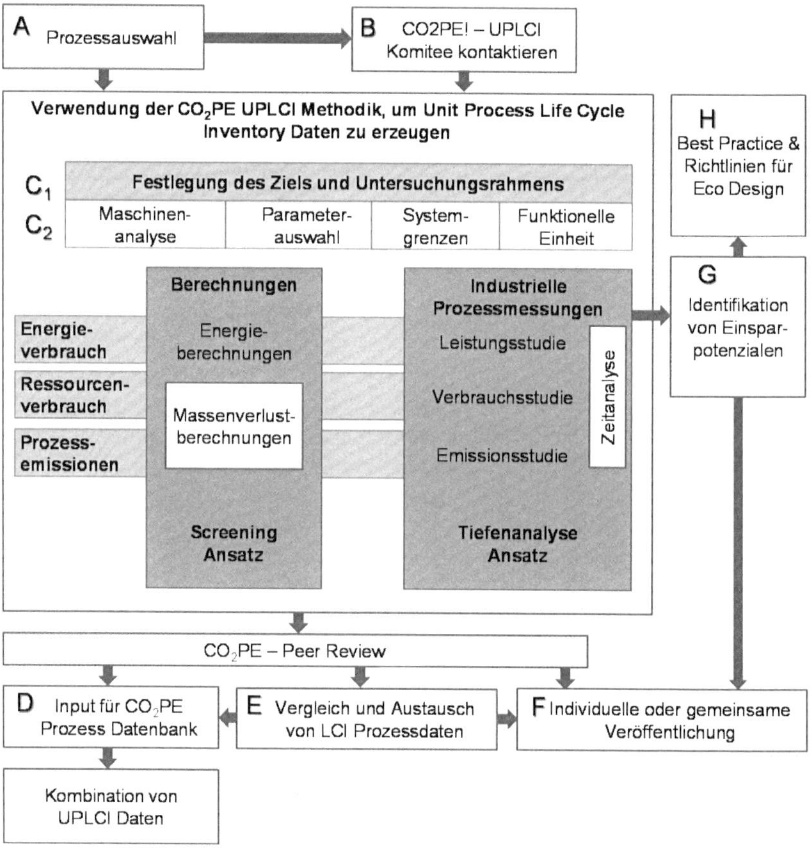

Abbildung 2.9: CO_2PE – UPLCI Framework nach KELLENS ET AL. [KELL11]

CO_2PE – UPLCI framework according to KELLENS ET AL. [KELL11]

In den wesentlichen Punkten, also der Festlegung des Ziels und des Betrachtungsraums, der Sachbilanz sowie der Wirkungsabschätzung, unterliegt das UPLCI-Framework nach CO_2PE den Maßgaben der Ökobilanzierung nach DIN ISO 14040/44 wie in Kapitel 2.1.3 beschrieben. Darüber hinaus sind im Schritt C zwei Herangehensweisen dargelegt, die von KELLENS ET AL. sowie OVERCASH ET AL. beschrieben sind [KELL12; OVER12].

Der Ansatz nach dem *UPLCI Framework* ist zielführend und unterstützt eine nachhaltige Generierung von Prozesswissen und -daten, die als Eingangswerte für weitere Untersuchungen herangezogen werden können. Die vorgestellte Vorgehensweise ist allerdings bisher nicht an die üblichen Konventionen der VDI 3321 zu Fertigungshaupt- und -nebenzeiten angepasst, insbesondere Werkzeugwechselzeiten gehen nicht in die Betrachtungen ein [VDI3321]. Eine Vorgehensweise, um auch Nebenzeit bedingte Verbrauchsdaten einzubeziehen, ist notwendig. Dementsprechend werden die grundlegenden Vorgehensweisen in die Modellentwicklung des Hauptteils dieser Arbeit integriert. Die Methodik zeigt auf, dass für die Bestimmung der Verbrauchsdaten von Fertigungsprozessen zahlreiche Herangehensweisen benutzt werden können, eine eindeutige Bestimmung der Datenqualität und -konsistenz steht allerdings aus.

2.3.3 Simulationsgestützte Ansätze

Simulation based Approaches

Als eine wesentliche Arbeit für die Energiebedarfsprognose von Werkzeugmaschinen entwickelte KUHRKE einen Ansatz, der auf Basis von empirisch-analytischen Zusammenhängen die Leistungsaufnahmen von Einzelkomponenten einer Werkzeugmaschine in Abhängigkeit von den jeweilig anliegenden Arbeitspunkten bestimmt. Hierzu wurden alle Komponenten einer Demonstrator-Werkzeugmaschine modelliert und unterschiedliche Arbeitspunkte sowie korrespondierende Zeiträume dieser Arbeitspunkte definiert, um den gesamten elektrischen Leistungsbedarf zu bestimmen. Dieses Modell kann als Datenbasis für bekannte und häufig eingesetzte Werkzeugmaschinen verwendet werden, da ein hoher Aufwand der Modellierung vorliegt. Eine besondere Bedeutung gewinnt dieser Ansatz, wenn bereits durch Komponentenhersteller entsprechende Modellbausteine zur Simulation bereitgestellt oder Standardkomponenten verwendet werden, da ansonsten für jede Komponente eine derartige Modellierung durchgeführt werden muss [KUHR11].

DIETMAIR UND VERL entwickelten eine Methode, um die Energieverbräuche von Werkzeugmaschinen zu modellieren. Hier müssen zunächst Messungen durchgeführt werden, von deren Ergebnissen dann auf Basis von Betriebszuständen und Leistungsverbräuchen abstrahiert wird in ein Modell, dass beliebige Betriebspunkte von Werkzeugmaschinen abbilden kann. Auch diese Vorgehensweise ist zur Bestimmung von Energieverbräuchen gut geeignet [DIET10].

SCHREMS entwickelte ein Simulations- und Entscheidungsmodell zur Entscheidungsunterstützung in der Produktionsplanungsphase. Hierbei wurden prospektive Modellierungsansätze zur Bestimmung des Energieverbrauchs von Werkzeugmaschinen entwickelt mit dem Ziel, einen prozentualen gewichteten Energieeffizienzfaktor für nutzbare Maschinen zu bestimmen. Dieser Faktor kann dann weiterführend für die Auswahl geeigneter Produktionsmittel verwendet werden. Alle Faktoren des entwickelten Entscheidungsmodells basieren darauf, dass simulierte Verbrauchsdaten und weitere Kennwerte jeweils ins Verhältnis zu einem Optimalwert zu setzen sind. Dieser Optimalwert muss dementsprechend auf Basis von Erfahrungswissen oder Best-Practices aus der zu untersuchenden Maschinenmenge bestimmt werden. Eine automatisierte Lösung ist auf Basis des TOPSIS-Verfahrens möglich, eine Verfälschung der Gesamtkennzahl durch unrealistische Optimalwerte ist jedoch möglich [SCHR14]. Die simulationsbasierten Modellierungsansätze der Arbeit stellen eine Quelle für Verbrauchsdaten an Energie und Material dar. Im Bereich der Kennzahlenerstellung wird in der vorliegenden Arbeit ein weiterführender Ansatz dargestellt.

In seiner Arbeit stellte THIEDE eine simulationsgestützte Methodik auf, die sowohl auf Fabrik- als auch auf Maschinenebene ermöglichen sollte, alle wesentlichen Energieströme zu modellieren und nachfolgend zu bewerten. Der Autor konzentrierte sich auf die Verbrauchsarten elektrische Energie, Gas, Öl sowie Druckluft und Abwärme. THIEDE zerlegt die Technologieketten eines Fabrikstandorts in einzelne Prozesse, zu denen jeweils festgelegte Schnittstellen und Parameter angegeben werden müssen, um Verbrauchsdaten zu simulieren. Die parametrisierten Prozessmodule werden von einem übergeordneten Produktionssteuerungsmodul verwendet, um den gesamten Fertigungsbereich zu simulieren. Darüber hinaus werden Energie- und Stoffströme visualisiert und einfache Energieeffizienzkennzahlen gebildet, die stets in Echtzeit dargestellt werden können. Für die Modellierung ist die ausführliche Parametrisierung aller Prozessmodule notwendig. Die Methodik kann für die Erzeugung von Verbrauchsdaten und deren direkte Visualisierung verwendet werden. Obwohl die wichtigsten Energieformen in das System eingebunden sind, werden einige Materialverbräuche nicht adressiert. Darüber hinaus ist eine ökologische und ökonomische Bewertung der Ressourceneffizienz nur vereinfacht in Form von Treibhausgaspotenzial und Kosten für die Energie- und Stoffströme enthalten. Die Anwendung der von THIEDE entwickelten Methode kann als Basis für die vorliegende Arbeit empfohlen werden und zielt hauptsächlich auf die ressourceneffiziente Prozessplanung und -steuerung ab [THIE11].

Eine ähnliche Methodik entwickelte WEINERT in Form von so genannten „Energyblocks“. Diese Energyblocks enthalten für unterschiedliche Betriebszustände und Arbeitspunkte von Werkzeugmaschinen jeweilige Leistungsbedarfe. Mit der Auswahl unterschiedlicher Energyblocks und zugehöriger Betriebspunkte und -dauern lassen sich Energieverbräuche von gesamten Fertigungssystemen simulieren. Diese Methode lässt sich für komplexe Systeme und die Simulation des Energiebedarfs sowie von Materialverbrauchs verwenden [WEIN10b; WEIN10a; WEIN11].

RAHIMIFARD ET AL. entwickelten einen Ansatz der den gesamten Energiebedarf der Fertigung eines Produkts in direkte und indirekte Energiebedarfe aufteilt, wobei indirekte Bedarfe als Verbräuche an zentralen Anlagen wie etwa Beleuchtung, Heizung und Klimatisierung definiert wurden. Ziel ist eine Simulation der direkten wie indirekten Energiebedarfe. Hierbei wurden theoretische mechanische und thermische Grundzusammenhänge von Fertigungsverfahren für die Bestimmung minimal notwendiger Energiebedarfe verwendet. Diese Methode zielte auf die Bestimmung von Energieverbräuchen ab [RAHI10].

2.3.4 Ökobilanzbasierte Ansätze

Life Cycle Assessment based Approaches

In seiner Arbeit entwickelte SCHLOSSER ein empirisch-analytisches Modell zur Prognose der Energie- und Stoffströme eines Zerspanprozesses mit allen notwendigen Eingangsgrößen [SCHL13]. Einen ähnlichen Ansatz zur Bestimmung der Energieverbräuche der Zerspanung verfolgte SCHIEFER, wobei dieser von SCHLOSSER deutlich erweitert wurde [SCHI01]. Zu den von SCHLOSSER verwendeten Eingangsgrößen zählten unter anderem Werkzeuge inklusive ihrer Herstellung und Beschichtung, das Bauteil selbst, die elektrische Energie für die Zerspanung, technische Wärme sowie Kühlschmierstoffe. Für die Bestimmung dieser Eingangsgrößen sind sowohl einzelne, reale Messungen als auch Erfahrungswissen notwendig. SCHLOSSER nutzte die Ökobilanzierungssoftware GaBi (Ganzheitliche Bilanzierung), um alle Energie- und Materialverbräuche in ökologische Wirkungskategorien zu überführen. Maßgeblich nutzte er die Wirkungskategorie Primärenergie, um für den Zerspanprozesse eine detaillierte Sensitivitätsanalyse der Schnittparameter durchzuführen [SCHL13]. Obwohl das entwickelte Modell für eine gesamte Technologiekette anwendbar ist, ist es sehr stark auf den Zerspanprozess fokussiert. Die Datenerhebung auf diesem Detailierungsniveau ist für eine komplexe Technologiekette kaum erbringbar. Dennoch können die empirisch-analytischen Ansätze der Arbeit verwendet werden, um den Zerspanprozess und dessen Energie- und Materialverbräuche zu prognostizieren.

REINHARDT entwickelte in ihrer Arbeit eine Bewertungsmethode der Ressourceneffizienz für die Fertigungstechnik auf Basis der Ökobilanzierung. Die Arbeit schaffte die Grundlagen, die zur Adaption einer Ökobilanzierung zur Bewertung der Ressourceneffizienz von Technologieketten notwendig sind. Hierzu wurde ein Vorgehen definiert, in dem ähnlich wie bei der Durchführung einer Ökobilanzierung mehrere Phasen durchlaufen werden. Zunächst wird die Bilanzhülle klar bestimmt und alle Energie- und Materialströme modelliert. Nachfolgend werden diese Ströme quantifiziert, deren Auswirkung auf die Umwelt bestimmt und letztendlich Ressourceneffizienzkennzahlen gebildet. Der Fokus lag stark auf dem Aufbau einer Kennzahlenhierarchie, die in der Lage ist, die Wirkung der zu bewertenden Technologieketten auf die Umwelt abzubilden. So wurden die Kennzahlen Energie-, Material- und Ressourceneffizienz mit Unterkennzahlen gebildet und exemplarisch an einer Prozesskette zum Fügen angewendet [REIN13]. Ähnlich wie bei der Arbeit von SCHREMS ist die Bestimmung von oberen und unteren Grenzen der Verbrauchsströme notwendig. Auf Basis von Expertenschätzungen oder Best-Practices müssen ideale Ausprägungen von Verbräuchen und anti-ideale Ausprägungen bestimmt werden, um die zu vergleichenden Prozesskettenausprägungen zu diesen ins Verhältnis setzen zu können. An dieser Stelle ist eine automatisierte Auswertung ohne Expertenschätzungen wünschenswert, um Fehlereinflüsse weitgehend zu vermeiden.

2.3.5 Bisherige Kennzahlen der Ressourceneffizienz

Actual Key Performance Indicators of Resource Efficiency

Die allgemeine Definition der Ressourceneffizienz wie zuvor beschrieben als Nutzen pro Ressourcenaufwand ist in der ökologisch-ökonomischen Bewertung von Technologieketten weitgehend akzeptiert. Sowohl die Europäische Union wie auch Deutschland nutzen die Ressourceneffizienzkennzahl Bruttoinlandsprodukt pro Ressourceneinsatz in Euro pro Tonne [EURO13; BUND12b]. Automobilhersteller berichten und steuern unter anderem über das Treibhausgaspotenzial pro hergestelltem Automobil in kg CO_2 pro Fahrzeug, was als Inverse der Ressourceneffizienz bezeichnet werden kann [BMW15; DAIM15].

Diese Kennzahlen sind meist auf oberster Ebene von Unternehmen oder Staaten erzeugt und lassen wenig Potenzial der Verbesserung der Ressourceneffizienz erkennen. Deswegen werden Konzepte erarbeitet, die eine feinere Untergliederung erlauben und Zusammenhänge erklärbar und somit interpretierbar machen. In einigen vorgestellten Arbeiten wurden Konzepte für neue Bewertungsmethoden der Ressourceneffizienz erarbeitet [SCHL13; SCHR14]. Diesen Konzepten fehlt bisher aber ein ausgearbeitetes und untergliedertes Kennzahlensystem, das Ansprüchen an Kennzahlensysteme, Bewertungsmethoden und die Möglichkeiten der Datenerzeugung genügt.

In diesem Zusammenhang muss der Energieindikator des kumulierten Energieaufwands (KEA) erläutert werden. Die Richtlinie VDI 4600 definiert den KEA als „...Gesamtheit des primärenergetisch bewerteten Aufwands [...], der im Zusammenhang mit der Herstellung, Nutzung und Beseitigung eines ökonomischen Guts (Produkt oder Dienstleistung) entsteht bzw. diesem ursächlich zugewiesen werden kann“ [VDI4600]. Dieser Indikator kann unter anderem mit der Durchführung einer Ökobilanz bestimmt werden. In der Richtlinie ist die konkrete Vorgehensweise zur Bestimmung des KEA in allen Untergliederungen und Einzelheiten dargelegt [VDI4600]. Der KEA kann ebenso wie das Treibhausgaspotenzial als ein Indikator der ökologischen Wirkung der Erzeugung eines bestimmten ökonomischen Guts verwendet werden. Es ist jedoch darauf hinzuweisen, dass der KEA nicht stellvertretend für alle ökologischen Wirkungskategorien verwendet werden darf, da nicht immer eine Korrelation zwischen KEA und den Kategorien besteht. Teilweise hängen die Wirkungskategorien maßgeblich von einzelnen Verbrauchsarten ab, die nicht zwingend auch einen hohen Beitrag zum KEA leisten müssen [NEUG13a].

STIENS entwickelte aufbauend hierauf einen Ansatz zur Prozessbewertung, der die ideelle Energie ins Verhältnis setzt zum kumulierten Energieaufwand [STIE00, S. 33 ff.]. Hierbei ist die ideelle Energie definiert als *„diejenige Energie, die in einem völlig verlustfreien System zum Betrieb eines Prozesses benötigt wird“*. Sollten unterschiedliche Alternativen zu Fertigung bestehen, so ist der minimale Energieeinsatz aller Alternativen zu verwenden.

$$\eta_{Prozess} = \frac{ideeller\ Energieeinsatz}{KEA_{Prozess}} \tag{2.12}$$

Für $KEA_{Prozess}$ wird in diesem Ansatz nur die Differenz des KEA der Outputs und des KEA der Inputs verwendet. Analog kann der Ansatz für eine gesamte Technologiekette verwendet werden [STIE00, S. 33 ff.]. Die Bestimmung des ideellen Energieeinsatzes ist für temperaturgetriebene Prozesse wie eine Erwärmung einer bestimmten Menge eines bestimmten Stoffs leicht zu erbringen, für komplexe Fertigungsprozesse wie der Zerspanung ist diese Energie hingegen nur mit großem Aufwand zu erbringen. Ansätze auf Basis thermischer und mechanischer Grundzusammenhänge existieren nicht im Detail für alle Fertigungsprozesse, so dass eine Bestimmung der ideellen Energie gegebenenfalls auf Basis von Best-Practices durchgeführt werden muss [KLOC14a].

Im Spitzentechnologiecluster eniPROD wird daran gearbeitet, ökologische, ökonomische und technologische Kriterien in einer Bewertungsmethodik zu vereinen. Da diese drei Kategorien nicht direkt miteinander verglichen werden können und vor allem innerhalb dieser Kategorien zahlreiche unterschiedliche Bewertungskriterien existieren, sind multikriterielle Bewertungsverfahren notwendig. Hierfür wird der Analytical Hierarchy Process, wie in Kapitel 2.3.1 beschrieben, verwendet. Im Cluster eniPROD werden konkrete Vorschläge für technologische und ökologische Kriterien gegeben, für ökonomische Zielgrößen sind in Unternehmen ausreichend Erkenntnisse verfügbar, die in die Methodik integriert werden können. Mit diesem Ansatz werden also drei finale Kennzahlen pro Technologiekettenalternative erzeugt, die dann dem Entscheider zur finalen Auswahl vorgelegt werden [REIC14]. Eine ähnliche, auf die ökologische Bewertung ausgelegte Methodik auf Basis des AHP entwickelte REINHARDT, siehe Kapitel 2.3.4 [REIN13].

Eine Arbeit zur Bestimmung der Ressourceneffizienz in automatisierten Fertigungssystemen wurde von KRINGS verfasst. In dieser Arbeit werden Ressourceneffizienzkennzahlen parallel zu der Vorgehensweise der Overall Equipment Effectiveness (OEE) verwendet. Dementsprechend werden für unterschiedliche Betriebszustände von Werkzeugmaschinen spezifische Ressourcenverbrauchsziele pro hergestellter Menge an Bauteilen definiert. Über das Verhältnis aus tatsächlich eingesetzten Ressourcen zu dem definierten Zielwert ergeben sich für alle Ressourcen Effizienzkennzahlen, die dann multiplikativ zu einer Gesamtressourceneffizienz kombiniert werden. Der in der Arbeit vorgestellte Ansatz benötigt entsprechend großen Aufwand für die Definition von Ressourcenzielwerten für einzelne Prozesse oder die gesamte Prozesskette und eignet sich nicht für einen Vergleich unterschiedlicher Technologieketten. Krings fokussiert auf eine Analyse bestehender Fertigungssysteme und die kontinuierliche Verbesserung auf Basis der Ressourceneffizienzkennzahlen [KRIN12].

2.4 Ableitung des Forschungsbedarfs

Derivation of the Need for Research

In der Forschung sowie auch in der aktuellen industriellen Anwendung haben sich einige Methoden und Verfahren zur Bewertung der Ressourceneffizienz etabliert. Auf unterschiedlichen Ebenen, d.h. sowohl auf oberster Unternehmensebene als auch auf Fabrik-, Linien- und Maschinenebene, finden sich unterschiedliche Kennzahlensysteme und Vorgehensweisen, die eine Bewertung in Einzelaspekten ermöglichen und die Unternehmenssteuerung unterstützen sollen. Diese Arbeiten fokussieren allerdings meist auf spezielle Fragestellungen der Ressourceneffizienz. Bisher wurden Bewertungs- und Prognosemodelle entwickelt, jedoch orientieren sich diese lediglich separat an konkreten Fragestellungen der ökologischen Bewertung, der Prognose der Nachhaltigkeit oder der Simulation von Energie- und Materialverbräuchen. Die Machbarkeit der ökobilanzgestützten Prozessbewertung für einzelne Verfahren und Technologieketten wurde aufgezeigt [REIN13; SCHL13]. Die Datenherkunft, -erhebung und -verdichtung sowie die Fähigkeit der simultanen Bewertung von ökologischen und ökonomischen Einflüssen wurde bisher nicht ausreichend adressiert. Vor allem wurden konkrete Prognoseansätze für spezielle Anwendungsfälle und generalistische Bewertungsmethodiken nicht miteinander vereint, so dass eine durchgängige Bewertung nicht gegeben ist. Zahlreiche Simulationsansätze für die Verbrauchsmodellierung von Werkzeugmaschinen sind verfügbar, aber in Bewertungsansätzen unbeachtet [SCHR14; KUHR11; THIE11]. Eine Verknüpfung aller Ansätze und die Erweiterung um betriebswirtschaftliche Kennzahlen zur Synthese einer integrativen, kennzahlenbasierten Methodik blieb bisher aus. Um eine derartige integrative Methodik abzuleiten, ist es notwendig, ein modular aufgebautes Kennzahlensystem zu entwickeln, das relevante ingenieur- und betriebswissenschaftliche sowie ökologische Randbedingungen beinhaltet. Vor allem für die Implementierung in bereits bestehende Systeme ist ein transparenter, modularer Ansatz auf Basis der jeweiligen Technologieketten und Prozesse unverzichtbar.

3 Problemstellung, Zielsetzung und Vorgehensweise

Objectives, Tasks and Modus Operandi

Produzierende Unternehmen stehen vor dem Hintergrund der weltweiten demographischen Entwicklung und sinkender Ressourcenverfügbarkeit einem steigenden Bedarf zur Verbesserung der Ressourceneffizienz gegenüber. Politisch getriebene Regelungen und Gesetze zur Reduktion von Energie- und Materialverbräuchen, Kostensenkungspotenziale sowie die Wahrnehmung der Kunden steigern die Motivation von Unternehmen, sich aktiv mit der ressourcenorientierten Bewertung von Produktionsprozessen und den aus diesen bestehenden Fertigungsketten auseinanderzusetzen. Bisher fehlt es an wissenschaftlichen, ökobilanzgestützten Bewertungsmodellen zur Unterstützung der Auswahl von Technologieketten unter Beachtung betriebswirtschaftlicher Kennzahlen, der Ressourceneffizienz und technologischer Grenzen. Vor allem die Möglichkeit zur Implementierung von simulationsbasierten Ansätzen, die mittlerweile ein hohes Genauigkeitsniveau erreichen, steht in diesen übergreifenden Modellen noch aus. Hierfür bedarf es modularer, methodisch aufgebauter Systeme, die Entscheidern die Auswahl von Technologieketten ermöglichen.

Für die vorliegende Arbeit wird auf Basis der aufgezeigten Problemstellung die folgende Forschungshypothese abgeleitet:

> *Die Ressourceneffizienz von Technologieketten lässt sich methodisch auf Basis von modular aufgebauten Kennzahlen beschreiben und bewerten.*

Für die Validierung der Forschungshypothese werden folgende Forschungsfragen untersucht.

- *Forschungsfrage 1:*
  Welche Kriterien sind notwendig, um die Ressourceneffizienz von Technologieketten zu bewerten?
- *Forschungsfrage 2:*
  Wie müssen Technologieketten hinsichtlich der identifizierten Bewertungskriterien modelliert werden, um ein modular aufgebautes, kennzahlenbasiertes Entscheidungsmodell zur Auswahl von Technologieketten zu entwickeln?
- *Forschungsfrage 3:*
  Wie muss ein kennzahlenbasiertes Bewertungsmodell aufgebaut sein, um die Ressourceneffizienz aus unterschiedlichen Perspektiven der Unternehmensführung vergleichend zu bewerten?
- *Forschungsfrage 4:*
  Wie und in welcher Softwareumgebung muss das modulare, kennzah-

lenbasierte Modell umgesetzt werden, um eine Entscheidung am Beispiel realer, industrieller Technologiekettendaten zu unterstützen?

Die Forschungsfragen werden in korrespondierenden Kapiteln der vorliegenden Arbeit behandelt. Die Vorgehensweise innerhalb dieser Arbeit orientiert sich an dem von ULRICH vorgestellten Forschungsprozess der angewandten Handlungswissenschaften. Um normative Aussagen über die Praxis wissenschaftlich herleiten zu können, bedarf es der Entwicklung von Hypothesen und deren Überprüfung durch Beobachtung der Realität. Diese Grundannahme zu normativen Aussagen wird von ULRICH postuliert und stellt die wesentliche Herangehensweise der vorliegenden Arbeit dar. Weiterhin werden Aspekte der Ingenieur- und Naturwissenschaften mit betriebswirtschaftlichen Fragestellungen kombiniert. Die Bearbeitung der Forschungsfragen ist dargestellt in Abbildung 3.1 [ULRI84, S. 191 ff.].

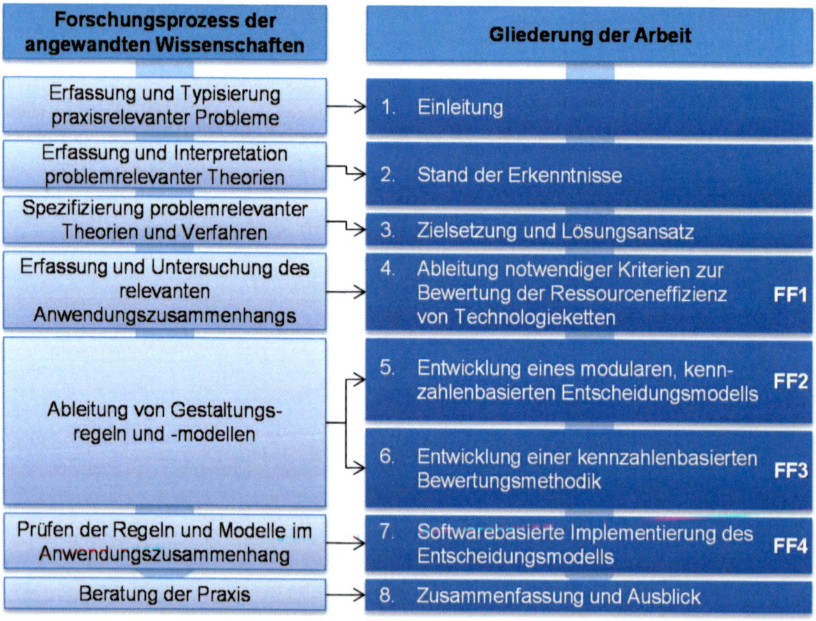

Abbildung 3.1: Wissenschaftliche Orientierung der Arbeit am Forschungsprozess der angewandten Wissenschaften nach ULRICH [ULRI84, S. 191FF.]

Scientific orientation corresponding to the research process of applied research following ULRICH [ULRI84, S. 191FF.]

Nach der Erläuterung notwendiger Grundlagen und Defizite bestehender Ansätze, die vor allem in der Einleitung sowie im Stand der Erkenntnisse thematisiert wurden, wird in diesem Kapitel die Auswahl einer geeigneten Forschungsmethodik für den weiteren Verlauf der Arbeit beschrieben. Die Arbeit verfolgt das Ziel, ein modular aufgebautes, kennzahlenbasiertes Entscheidungsmodell für die Auswahl fertigungstechnischer Prozessketten zu konzeptionieren und exemplarisch anzuwenden. Der Bezug zur Praxis, wie durch ULRICH im Forschungsprozess der angewandten Wissenschaften gefordert, wird vor allem bei der Erfassung praxisrelevanter Probleme (Kapitel 1), der Erfassung relevanter Anwendungszusammenhänge (Kapitel 4), der Überprüfung der erstellten Modelle (Kapitel 7) sowie der Beratung der Praxis in der Zusammenfassung sowie im Ausblick hergestellt [ULRI84, S. 191 ff.].

Bei der Beantwortung der *Forschungsfrage 1* in Kapitel 4 wird für gängige Fertigungsverfahren nach DIN ISO 8580 bestimmt, welche Ressourceneinsätze notwendig sind und wie diese klassifiziert werden können. Im Fokus der Untersuchungen steht die Analyse realer Energie- und Stoffeinsätze während der Fertigung. Die Ergebnisse der Bearbeitung der ersten Forschungsfrage bilden die Grundlage für die notwendige modulare Modellierung. Im Kapitel 4 wird die *Erfassung und Untersuchung des relevanten Anwendungszusammenhangs* nach ULRICH beschrieben. Die folgenden Kapitel 5 und 6 beinhalten die *Ableitung von Gestaltungsregeln und -modellen* auf Basis des identifizierten Anwendungszusammenhangs der Praxis.

Die *Forschungsfrage 2* wird in Kapitel 5 auf Grundlage der identifizierten Energie- und Stoffverbräuche durch eine modulare Struktur der kennzahlenbasierten Bewertung beantwortet. Diese Struktur dient als Basis für alle notwendigen Module der Bewertung und beinhaltet alle Schnittstellen dieser Module. Diese Schnittstellen sind als Kernpunkt bei der Beantwortung der Forschungsfrage zu verstehen, da besonders bei der bottom-up-Modellierung eindeutige Leistungs- und Zeitmodelle von evidenter Bedeutsamkeit sind. Die notwendige Datenqualität und -quantität für die Bewertung der Ressourceneffizienz wird in diesem Kapitel beschrieben. Vor allem muss die Qualität der Ausgangsdaten bereits an die finalen Anforderungen im Bewertungsmodell angepasst werden. Für die folgende Datenaggregation ist eine vollkommene Genauigkeit nicht immer notwendig, muss aber methodisch hinterfragt und bewertet werden. Nach erfolgreicher Gestaltung der Bewertungsstruktur wird eine umfassende Methodik aufgezeigt, mit der eine Einbindung der Bewertung der Ressourceneffizienz in einem Entscheidungsmodell möglich wird.

In Kapitel 6 wird in der *Forschungsfrage 3* der Fragestellung nachgegangen, wie ein Bewertungsmodell der Ressourceneffizienz gestaltet sein muss, um die Unternehmensführung in Entscheidungen unterstützen zu können. Es wird ein Bewertungsmodell entwickelt, das eine Kennzahlensystematik aufzeigt, die nicht nur rein verbrauchsorientierte, sondern auch betriebswirtschaftliche Aspekte beinhaltet. Diese umfassende Bewertung ist für eine fundierte Entscheidung über Fertigungsalternativen unerlässlich und muss sich an den Gegebenheiten im Unternehmen orientieren. Hierfür werden multikriterielle Bewertungsverfahren verwendet, um die Vielzahl an unterschiedlichen Kriterien in einer Bewertung zu vereinen.

Im abschließenden Kapitel 7 wird die Beantwortung der *Forschungsfrage 4* mit einer softwarebasierten Anwendung des vorgestellten Entscheidungsmodells beschrieben. Es wird eine Software vorgestellt, die das entwickelte Modell beinhaltet und dem

Nutzer eine vollständige, modulare und kennzahlenbasierte Bewertung von kompletten Technologieketten erlaubt. Das gesamte Modell wird anhand eines Praxisbeispiels validiert und dadurch die Anwendbarkeit überprüft.

Die Zusammenfassung in Kapitel 8 zeigt die Nutzbarkeit der gesamten Methodik sowohl in der Wissenschaft wie auch der Industrie auf und weist auf weiteren Forschungsbedarf hin.

4 Ableitung notwendiger Kriterien zur Bewertung der Ressourceneffizienz von Technologieketten

Derivation of Necessary Criteria for Evaluating Resource Efficiency of Technology Chains

Für die Bewertung der Ressourceneffizienz von Fertigungsprozessen und Fertigungsketten ist zu bestimmen, welche Anforderungen an Kriterien für die Beschreibung dieser Prozesse anzulegen sind. Vor dem Hintergrund des Konzeptes „Industrie 4.0“ werden in absehbarer Zukunft vermehrt Sensordaten zu Verfügung stehen, die auch für eine Ressourceneffizienzbewertung herangezogen werden können. Aber nicht nur neue Sensorik, sondern auch bereits existierende Daten, beispielsweise in Maschinensteuerungen, können für die Generierung von Informationen verwendet werden. Ein kritisch zu hinterfragender Aspekt dieser Entwicklung sind entstehende, umfangreiche Datensammlungen, deren Menge an Informationen und Daten eine robuste und leicht verständliche Auswertung nur mit großem personellen Aufwand erlauben. An dieser Stelle setzt allerdings ein weiterer Trend von Industrie 4.0 an, nämlich die automatische Datenverarbeitung bereits auf maschinennahen Ebenen. Im Idealfall werden generierte Daten bereits in der Maschine oder in Systemen an den Werkzeugmaschinen zu Informationen verarbeitet. So lassen sich speicherplatzaufwändige und schwer zu verarbeitende Daten frühzeitig zu Kennzahlen zusammenfassen. Nicht alle Energie- und Stoffströme werden jedoch innerhalb einer Fertigung mit Hilfe von Echtzeitsensorik erfasst, sondern auch Berechnungen, Abschätzungen und einmalige Messungen zur Bestimmung von Verbrauchsdaten sind zulässig und gängig. Die Auswahl der tatsächlich notwendigen Daten zur Bewertung der Ressourceneffizienz von Fertigungsprozessen muss folglich vor dem Hintergrund unterschiedlicher Datenherkünfte und deren Qualitäten durchgeführt werden. Auf Basis dieser Voraussetzungen ist das Ziel dieses Kapitels, den Betrachtungsrahmen des Bewertungsmodells festzulegen und aus Fertigungsprozessen die zu bestimmenden Energie- und Stoffverbräuche abzuleiten. Konkrete Vorgaben an die Datenqualität und Datenquellen werden in den folgenden Kapiteln erläutert.

4.1 Betrachtungsrahmen des Bewertungsmodells

Balance Shell of the Evaluation Methodology

Entscheidungsmodelle vor dem Hintergrund der Ressourceneffizienz müssen dort eingesetzt werden, wo Entscheidungen den größten Einfluss auf die Ressourcenverbräuche und deren Wirkungen auf die Umwelt und das Unternehmen haben. Dieser Einfluss ist in der Phase der Planung und Auslegung von Technologieketten am größten. Hier werden die Anlagen geplant, die in ihrer Nutzungsphase für die Verbräuche verantwortlich sind und nur noch mit finanziellem Aufwand maßgeblich verändert werden können. Dennoch müssen auch geplante und prognostizierte Technologieketten in ihrer Nutzungsphase hinsichtlich ihrer

Energie- und Materialverbräuche untersucht werden, um eine kontinuierliche Verbesserung des Planungsprozesses zu garantieren. In der Nutzungsphase sind die Einstellgrößen, unter anderem auch Schnittparameter wie Schnittgeschwindigkeit oder Vorschub, wesentliche Einflussfaktoren auf den Bedarf von Energie und Materialien. Die grundsätzlichen Rahmenbedingungen der Verbräuche werden durch die Maschinen- und Anlagentechnik weitestgehend vorherbestimmt. Abbildung 4.1 zeigt auf, dass reale Verbrauchsmessungen von Technologieketten erst deutlich nach dem Produktionsstart (engl.: SOP - Start of Production) auf Basis von durchgeführten Messungen realisierbar sind und das Wissen über Verbräuche bereits zu frühen Zeitpunkten der Produktentwicklung benötigt wird [SCHL11b].

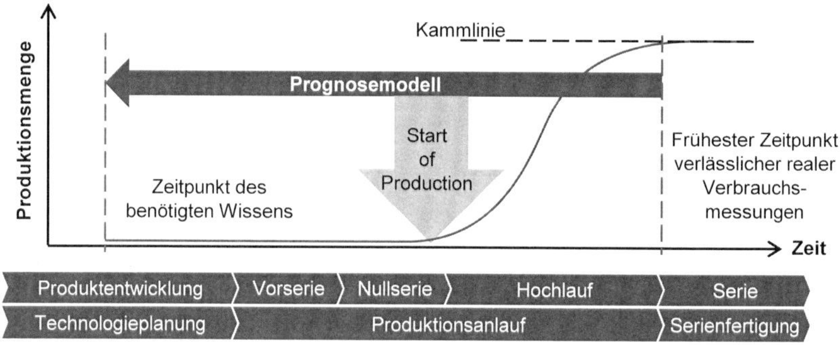

Abbildung 4.1: Notwendigkeit der Prognose von Verbräuchen in frühen Lebenszyklusphasen nach SCHLOSSER [SCHL11b]

Necessity of estimating consumptions in early product life cycle phases following SCHLOSSER [SCHL11b]

Es müssen also Prognosemodelle für Energie- und Materialverbräuche bereits in den frühen Phasen, also in der Produkt- und Technologieentwicklung sowie in Vorserien etabliert werden, um eine fundierte und einflussreiche Bewertung der Energie- und Ressourceneffizienz zu ermöglichen. Aber nicht nur in den frühen Phasen, sondern vor allem auch in der Produktionsphase ist es notwendig, das zu entwickelnde Entscheidungsmodell ebenfalls anwenden zu können. Demnach müssen die Eingangsdaten an Energie- und Materialverbräuchen zu beiden Zeitpunkten genau genug erfasst werden, um vergleichbar zu sein. Für die Modellierung ist eine Betrachtung dieser Zeitpunkte unerlässlich.

Das zu entwickelnde Entscheidungsmodell wird auf die Herstellung von funktional gleichwertigen Produkten mit unterschiedlichen Technologieketten ausgelegt und beinhaltet keine Modellierung des gesamten Lebenszyklus. Demnach stehen Fertigungsverfahren, deren Vorteile erst in der Nutzungsphase des herzustellenden Produkts beispielsweise durch konstruktive Anpassungen realisiert werden, nicht im Fokus der Entwicklung. Das Modell soll in der Lage sein, Fertigungsprozesse nach DIN 8580 abzubilden [DIN8580]. In Abbildung 4.2 sind alle Hauptgruppen der

Fertigungsverfahren nach Norm und die jeweilige Reife der Energie- und Ressourceneffizienzbewertung dargestellt. Die Darstellung orientiert sich an einer Studie von SAUER UND LOSERT und wurde mit eigenen Literaturrecherchen unterstützt [SAUE13; NEUG14]. Die reale Bestimmung von Verbräuchen scheitert meist entweder an zu komplexen Anlagen, deren Einzelkomponenten sich nicht eindeutig beschreiben lassen, oder an zu komplexen Anlagen, deren unterschiedliche Verbrauchsarten unzureichend simultan zu messen sind. Vor allem bei großen Umformpressen, Schmelzaggregaten und Anlagen mit chemischen Prozessen wie auch Lackierereien ist eine eindeutige und zeitlich hochaufgelöste Zuordnung von Verbräuchen zu einzelnen Bauteilen nicht immer erbringbar.

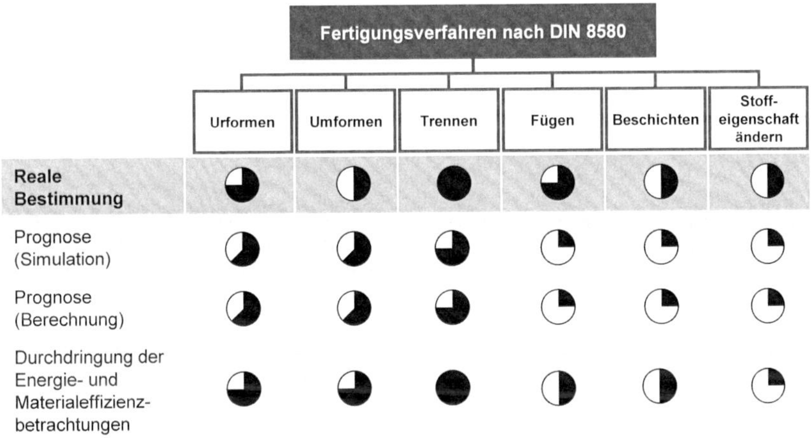

Abbildung 4.2: Durchdringung von Prognoseverfahren und von Messverfahren zur Energie- und Ressourcenverbrauchsbestimmung [SAUE13; NEUG14]

Prominence of prognosis and measuring methods for determining energy and material consumptions [SAUE13; NEUG14]

Es zeigt sich, dass in den letzten Jahren zahlreiche Untersuchungen in allen Bereichen der Fertigungstechnik durchgeführt wurden. Bis auf Nischenverfahren, die nur selten Anwendung finden, lassen sich die wesentlichen Verfahren mit wissenschaftlichen Grundlagen in Bezug auf Energie- und Materialverbräuche beschreiben, so dass die gezeigten Verfahren in das Bewertungsmodell eingebunden werden können. Besonders vorteilhaft sind analytische oder simulationsgestützte Prognoseverfahren, die im Zeitpunkt der Technologieplanung bereits zur Verfügung stehen. Bei Verfahren des Fügens, Beschichtens und Ändern von Stoffeigenschaften sind die Tätigkeiten der Energie- und Ressourceneffizienz im Vergleich zu den anderen Verfahren weniger intensiv. Vor allem bei Beschichtungsverfahren und Verfahren der Stoffeigenschaftsänderung ist aufgrund des im Verhältnis zu Zerspanprozessen meist höheren Aufwands die Modellierung und Prognose bisher nur selten durchgeführt worden. Diese geringere Durchdringung basiert ebenfalls auf sehr speziellen

Verfahren und Anwendungen, für deren Untersuchung der Energiebedarf eine untergeordnete Rolle spielt [SAUE13].

Nicht nur Prozessketten und deren jeweiligen Verbräuche in den einzelnen Fertigungsschritten, sondern auch zentral bereitgestellte Medien sind von Bedeutung. Eine sehr umfangreiche Untersuchung wurde in dem durch das Bundesministerium für Bildung und Forschung (BMBF) geförderten Projekt BEAT – GANZHEITLICHE BEWERTUNG DER ENERGIEEFFIZIENZ ALTERNATIVER TECHNOLOGIEKETTEN durchgeführt. Zwei Technologieketten wurden im Hinblick auf die Energie- und Materialaufwände untersucht und die vermessenen Prozesse mit Hilfe einer Ökobilanzierung analysiert. Die hergestellten Produkte waren ein Getrieberad der Firma Daimler AG sowie ein Einspritzventil der Robert Bosch GmbH. Im Projekt wurden alle Energie- und Stoffströme, von elektrischer Energie über zentral bereitgestellte Medien bis hin zur Hallenbeleuchtung und -belüftung untersucht, vermessen oder abgeschätzt [KLOC13b]. Die Stoffströme für das Getrieberad finden sich in Abbildung 4.3.

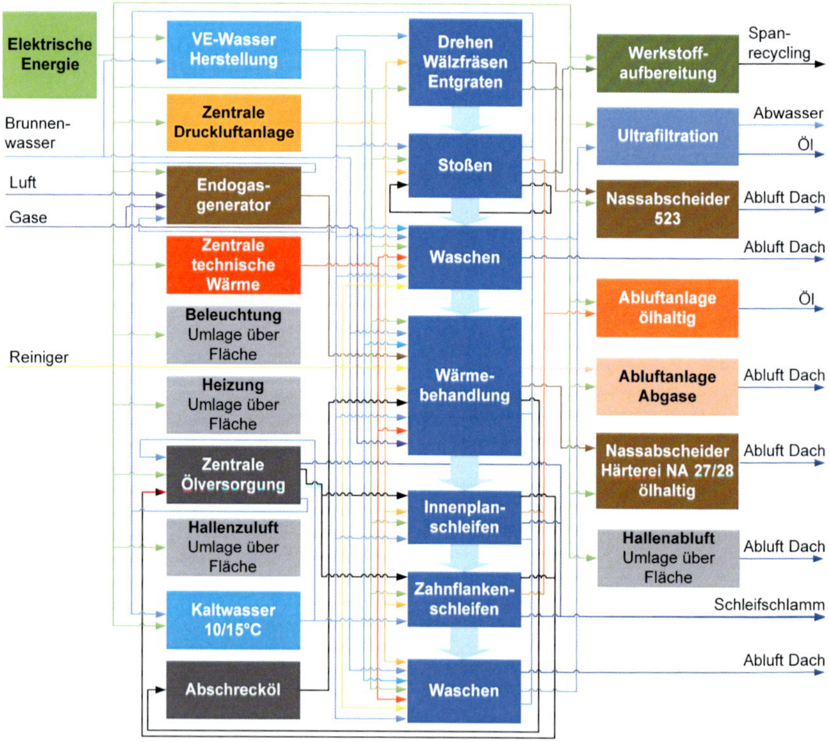

Abbildung 4.3: Prozesskette und vermessene Energie- und Materialströme der Getrieberadherstellung [KLOC14b]

Process chain and measured energy and material flows of the gear wheel manufacturing [KLOC14b]

Es zeigt sich eine Vielzahl unterschiedlicher Energie- und Materialströme, die in der Ökobilanzierungssoftware GaBi [GABI14] modelliert worden sind, um Aussagen darüber treffen zu können, welche Ströme den größten ökologischen Einfluss aufweisen und welche Ströme wesentliche Einflüsse haben und demnach bestimmt werden sollten. So können Transparenz geschaffen und Einsparpotenziale aufgedeckt werden. Die Bezugsgröße, also die funktionelle Einheit der Bilanzierung, war immer ein herzustellendes Produkt. Indirekte Verbräuche, die nicht an den Maschinen messbar waren, wie etwa Druckluft, Öl zum Abschrecken oder die Hallenbelüftung und -beleuchtung, wurden über einheitliche Umrechnungsschlüssel basierend auf dem Verursachungsprinzip in einem zweischrittigen Verfahren umgerechnet. Zunächst wird der Vektor der Medienfaktoren $\overrightarrow{MF_i}$ an der zentralen Anlage des bereitzustellenden Mediums i berechnet. Dieser beschreibt den Energie- und Materialaufwand $\vec{S}_{i,Zentralanlage}$ pro insgesamt bereitgestellter Menge $S_{i,zentral}$. Es kann sich hierbei um mehrere Stoffströme an der Zentralanlage handeln. Bei ausschließlicher Nutzung von elektrischer Energie ergibt sich ein einzeiliger Vektor $\overrightarrow{MF_i}$. Dies ist bei der Erzeugung von Druckluft der Fall, die lediglich elektrische Energie zur Kompression der Luft und Kühlung der Pumpen benötigt. Langfristige Messungen an der Zentralanlage sind notwendig, um eine möglichst genaue Datenbasis zu gewährleisten. Im zweiten Schritt wird durch Messung des tatsächlichen Verbrauchs des Stoffs $S_{i,Prozess}$ im zu untersuchenden Prozess bestimmt, welche Menge des Mediums i tatsächlich während der Produktion eines Produkts oder in Standbyzeiten der Werkzeugmaschinen verwendet wird. Es ergibt sich folgender Formelzusammenhang für die Umrechnung zentraler Verbräuche auf die prozessspezifischen indirekten Verbräuche $\vec{S}_{i,Prozess,indirekt}$, verursacht durch den Verbrauch des Mediums i [KLOC13b; DÖBB14]:

$$\vec{S}_{i,Prozess,indirekt} = S_{i,Prozess} \cdot \overrightarrow{MF}_{Medium} \tag{4.1}$$

mit $\overrightarrow{MF_i} = \frac{\vec{S}_{i,Zentralanlage}}{S_{i,zentral}}$,

$$\vec{S}_{Prozess,indirekt} = \begin{pmatrix} S_1 \\ \vdots \\ S_{n_{Medien}} \end{pmatrix} \text{ und}$$

$$\vec{S}_{i,Zentralanlage} = \begin{pmatrix} S_{1,zentral} \\ \vdots \\ S_{n_{Medien},zentral} \end{pmatrix}$$

n_{Medien}: Anzahl Medien der Zentralanlage

i: Medium i (bspw.: Druckluft, KSS, etc.)

Diese erzeugten Daten wurden folgend für die Einzelprozesse bestimmt und in eine Ökobilanzierung überführt. Als wesentliche ökologische Wirkungskategorien wurden hierbei das Treibhausgaspotenzial (engl.: Global Warming Potential) nach CML2002 sowie der Primärenergieaufwand verwendet [GUIN02].

Analog wurde in einem Teilprojekt des BMBF-geförderten Vorhabens INNOVATIONSALLIANZ GREENCARBODY TECHNOLOGIES (INNOCAT) verfahren. Hier wurde für den gesamten Lebenszyklus eines Umformwerkzeuges für die Herstellung von Außenhautteilen für Automobile eine Ökobilanzierung durchgeführt. Es handelte sich um ein Umformwerkzeug zur Herstellung beider Fronttüren eines hochvolumig produzierten Automobils. In dieser Analyse wurde ein besonderer Fokus auf die Herstellung des Umformwerkzeuges gelegt, wobei von der Gießerei über den Werkzeugbau bis hin zum Einsatz in einer Umformpresse alle Verbräuche gemessen, berechnet und abgeschätzt wurden [NEUG13b].

Im Folgenden werden die Ergebnisse aus den vorgestellten Projekten dargestellt. In Tabelle 4.1 finden sich die wesentlichen Eckdaten der Produkte, deren Herstellung untersucht wurde.

Tabelle 4.1: Eigenschaften der analysierten Erzeugnisse [KLOC13a]
Properties of analyzed products [KLOC13a]

	Getrieberad	**Einspritzventil**	**Umformwerkzeug**
Jährliches Produktionsvolumen	~100.000 Stk.	~5.000.000 Stk.	< 10 Stk.
Gewicht	ca. 600 g	ca. 50 g	> 20 t
Material	20MoCr4	100Cr6	Grauguss

Die Darstellung aus dem Projekt BEAT zeigt die möglichen, zu bilanzierenden Energie- und Materialströme der Fertigungsprozesse auf. In Abbildung 4.4 ist der Anteil der Fertigungsprozesse sowie des Grundwerkstoffs am gesamten Treibhausgaspotenzial sowie kumulierten Energieaufwand zur Herstellung der Erzeugnisse in Prozent dargestellt. Es ist erkennbar, dass in den vorliegenden Projekten im Wesentlichen die Größe und das Gewicht des Erzeugnisses das Verhältnis von Grundwerkstoff zu Fertigungsprozessen bestimmt. Unter anderen Bedingungen kann auch die Intensität der Bearbeitung eines Bauteils einen Einfluss auf das dargestellte Verhältnis von Prozess zu Werkstoff aufweisen. Besonders das Einspritzventil wird in einer Batchverarbeitung auf im Verhältnis zur Bauteilgröße groß dimensionierten Werkzeugmaschinen hergestellt. Hier treten vor allem die maschinenspezifischen Grundverbräuche in den Vordergrund, die elektrische Energie zum Betrieb des Zerspanprozesses selbst nimmt eine untergeordnete Stellung ein. Da das Umformwerkzeug große Gewichtsanteile zur Stabilitäts- und Festigkeitssteigerung aufweist und nicht alle Flächen nachbearbeitet werden, ist hier der Anteil des Grundmaterials am größten [KLOC13a].

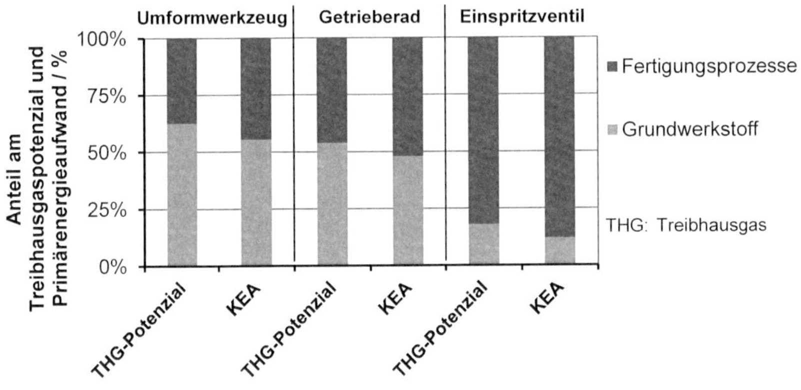

Abbildung 4.4: Anteil des Grundwerkstoffs und der Fertigungsprozesse am THG-Potenzial und dem KEA bei der Herstellung von Komponenten für die Automobilindustrie [KLOC12; KLOC13a]

Shares of raw material and manufacturing processes of GWP and cumulative energy demand for manufacturing of automotive components [KLOC12; KLOC13a]

Dies zeigt deutlich auf, dass sowohl das Grundmaterial als auch die Fertigungsprozesse einen wesentlichen Einfluss auf den ökologischen Einfluss der Erzeugnisse haben können. Vor allem bei Technologieketten, die prozessbedingt unterschiedliche Grundmaterialmengen benötigen, ist der Einfluss des Materials nicht zu vernachlässigen. Als Beispiel sind additive Fertigungsverfahren im Vergleich mit herkömmlichen trennenden Verfahren zu nennen. Die additiven Verfahren benötigen weniger Grundmaterial als herkömmliche Verfahren, benötigen unter Umständen aber eine längere Bearbeitungsdauer. Aus diesem Grund muss die Bewertungsmethodik diese Faktoren ausreichend genau abbilden können, so dass variierende Belegungszeiten und Materialmengen bewertet werden können. Während es beim Grundmaterial ausreicht, das Gewicht zu bestimmen, gestaltet sich die Analyse der Fertigungsprozesse deutlich aufwändiger.

In Abbildung 4.5 sind für unterschiedliche Verbrauchsarten die Anteile des kumulierten Energieaufwands in der Fertigung der genannten Erzeugnisse, also des Umformwerkzeugs, des Getrieberads und des Einspritzventils dargestellt. Es wird in dieser Abbildung unterschieden zwischen elektrischer Energie, Druckluft, thermischer Energie, Infrastruktur, Hilfsstoffen sowie Erdgas. Obwohl die Druckluft durch elektrische Energie erzeugt wird, wird an dieser Stelle zwischen den beiden Verbrauchsarten unterschieden, um eine Verursacheranalyse durchführen zu können. Unter Infrastruktur werden hierbei zentrale Hallenverbräuche wie Belüftung und Beleuchtung verstanden. Der Verbrauch an Erdgas bezieht sich auf reines Erdgas, das im Prozess zum Erhitzen verwendet wird. Unter thermischer Energie wird sowohl Kühlenergie als auch zentral bereitgestellte technische Wärme verstanden [KLOC13a].

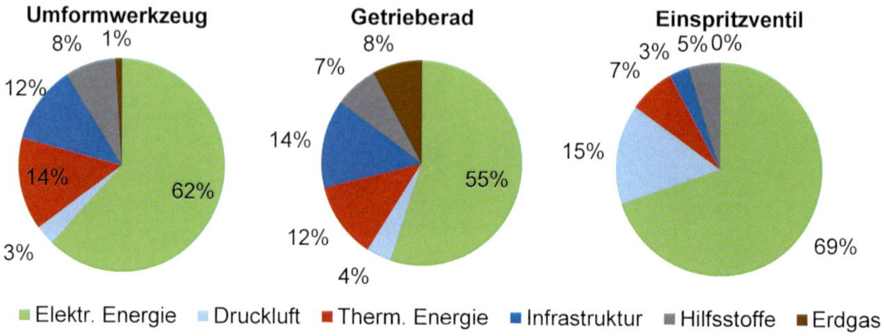

Abbildung 4.5: Verteilung des kumulierten Energieaufwands auf Verbrauchsarten und -orte nach [KLOC13a]

Distribution of cumulative energy demand on consumption types and locations following [KLOC13a]

Es zeigt sich, dass unter Vernachlässigung des Einflusses des Grundwerkstoffs der Erzeugnisse die elektrische Energie, die direkt in den Prozessen aufgewendet werden muss, den größten Einfluss mit jeweils deutlich über 50 % aufweist. Darüber hinaus führt die Nutzung der thermischen Energie, besonders bei der Herstellung des Umformwerkzeugs und des Getrieberads, zu einem wesentlichen Anteil am Primärenergieaufwand, da hier Energie für die Wärmebehandlung bzw. das Aufschmelzen des Grundwerkstoffs enthalten sind.

Die Bedeutsamkeit der Druckluft hängt stark von der zu untersuchenden Prozesskette ab. Während beim Einspritzventil aufgrund zahlreicher druckluftbetriebener Handlingprozesse die Druckluft einen großen Anteil ausmacht, ist dies bei der Herstellung des Umformwerkzeugs sowie des Getrieberads kein signifikant hervorzustellender Anteil. Der Verbrauch an Druckluft sollte bei jeder Bilanzierung erfasst werden, da das Medium durch eine energieintensive Erzeugung und zahlreiche Möglichkeiten der Leckage als teuer einzustufen ist [KLOC13a].

Für die Bewertung einer Technologiekette hinsichtlich der Ressourceneffizienz müssen also neben den Fertigungsprozessen selbst sowohl das Grundmaterial des Produkts als auch die zentralen Anlagen wie Beleuchtung, Heizung, Klimatisierung sowie Bereitstellung von Medien, beispielsweise Druckluft oder Kühlschmierstoff, berücksichtigt werden. Dies gilt insbesondere für Verbrauchsgrößen, die sich bei den Alternativen der Technologieketten verändern. Beispielsweise unterscheidet sich die Menge des Grundmaterials bei Nutzung von endkonturnahen Gussprozessen im Gegensatz zur Bearbeitung „aus dem Vollen" und muss in der Bewertung abgebildet werden.

Folgende Abbildung 4.6 zeigt die Bilanzhülle, die mit dem Bewertungsmodell abgedeckt werden soll. Darüber hinaus sollen nicht nur reine Prognosezwecke adressiert werden, sondern auch eine kontinuierliche Bewertung der Ressourceneffizienz auch in der Nutzung von Technologieketten. Dieser zeitliche Betrachtungsrahmen des

Entscheidungsmodells ist zuvor bereits definiert worden. Im weiteren Verlauf der Arbeit (s. Kapitel 5.3) werden den entsprechenden Phasen im Produktentstehungsprozess notwendige Verfahren zur Bestimmung von Energie- und Verbrauchsdaten zugeordnet und analysiert. Es werden alle zur Fertigung notwendigen Betriebs- und Fertigungsstoffe berücksichtigt. Für die Definition der Energie- und Stoffflüsse wird den Definitionen nach VDI 4600 gefolgt [VDI4600]. So sind Fertigungsstoffe vor allem die Grundmaterialien wie Rohstoffe und Halbzeuge, aber auch Kreislaufmaterial wie etwa Späne, die einem Schmelzprozess erneut zugeführt werden. Betriebsstoffe sind alle Energie- und Materialflüsse, die auf Betriebsmitteln, also Werkzeugmaschinen und Anlagen, benötigt werden. Zu diesen Betriebsstoffen gehören unter anderem die elektrische Energie, Druckluft, Ersatzteile und Schmierstoffe.

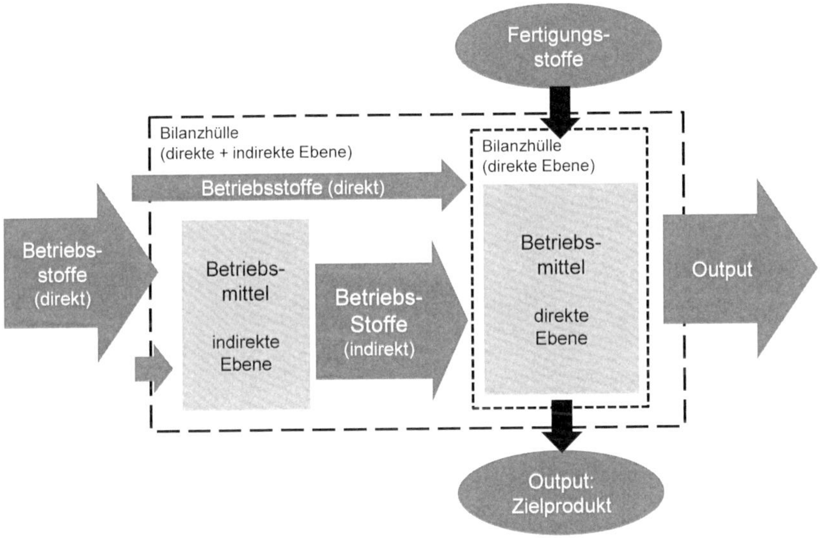

Abbildung 4.6: Durch das Entscheidungsmodell abgedeckte Bilanzhülle
Balance shell which will be addressed by the decision model

Es sind also alle Verbrauchsstoffe in Form von Energie und Material zu bilanzieren, sofern diese eine zu erwartende Wirkung auf das Bewertungsergebnis aufweisen. In der vorliegenden Arbeit sollen Ersatzteile nicht explizit verwendet werden, können aber aufgrund der Modularität des Ansatzes ebenfalls implementiert werden, müssen aber auf die Herstellung eines Produkts anteilig zugerechnet werden. Darüber hinaus ist nach direkten und indirekten Betriebsstoffen und -mitteln zu unterscheiden. Indirekte Betriebsmittel sind beispielsweise Kompressoren, die das indirekte Betriebsmittel Druckluft bereitstellen. Es ist definiert, dass direkte Betriebsstoffe ohne vorherige Umwandlung in Fertigungsprozessen einsetzbar sind [VDI4600, S. 11 ff.].

4.2 Analyse von Fertigungsprozessen hinsichtlich ihrer Ressourcenverbräuche

Analysis of Manufacturing Processes regarding their Resource Consumptions

Zur Abbildung fertigungstechnischer Prozesse in einem modularen Verbrauchs- und Bewertungsmodell ist es notwendig, Verbrauchsarten und deren Verbrauchsprofile für unterschiedliche Fertigungsprozesse zu klassifizieren bzw. aus diesen typischen Verbrauchsarten die jeweilig notwendigen Module zur Modellierung der Verbrauchsmengen zu bestimmen. Aus den Untersuchungen des vorherigen Kapitels 4.1 ist ersichtlich, dass für übliche metallverarbeitende Fertigungsketten mit zerspanenden sowie Wasch- und Wärmebehandlungsprozessen hauptsächlich elektrische Energie und Druckluft ausschlaggebend für die ökologische Wirkung sind. Für Nischenverfahren oder Fertigungsketten mit chemischen Verfahren rücken unter Umständen andere Verursacher von ökologischen Einflüssen in den Vordergrund. Je nach dem, welche besonderen Chemikalien, Gase oder weitere Hilfsstoffe in Fertigungsketten eingesetzt werden, können auch diese eine erhebliche Wirkung hervorrufen. Diese Chemikalien sind in der Verfahrenstechnik besonders relevant. In der Verarbeitung metallischer Erzeugnisse treten hauptsächlich Öle und Reiniger auf.

In Tabelle 4.2 sind für unterschiedliche Fertigungsverfahren und Zentralanlagen typische Verbrauchsarten aufgelistet. Die Ergebnisse wurden in den bereits genannten Projekten BEAT und INNOCAT erzeugt und hinsichtlich ihrer Wirkung innerhalb der gesamten Prozesskette analysiert. In der Tabelle ist mit Harvey-Balls markiert, welche Verbrauchsarten in welchen Verfahren dominant sind. Es sei darauf hingewiesen, dass keine definitive Aussage über zu messende oder prognostizierende Verbrauchstypen getroffen werden kann, ohne eine Prozesskette tatsächlich klassifiziert zu haben. Diese Tabelle soll vor allem dazu dienen, notwendige Energie- und Materialverbrauchsmessungen oder -prognosen in Abhängigkeit von den jeweiligen Prozessen zu identifizieren. Aus dieser Tabelle werden weiterhin die Verbrauchstypmodule abgeleitet. Es zeigt sich, dass die wesentlichen Verbrauchsmodule für elektrische Energie, Druckluft, technische Wärme und Kälteenergie sowie Öl- bzw. KSS-Versorgung erstellt werden müssen. Darüber hinaus müssen auch die zentral bereitgestellten Medien einzelne Module erhalten.

Tabelle 4.2: Übersicht über Hauptverbrauchsarten unterschiedlicher Fertigungsprozesse

Overview of main consumption types of different manufacturing processes

Prozesse	Elektr. Energie	Druck-luft	Techn. Wärme	Kälte-energie	KSS / Öl	Sonstige Medien
Zerspanung	●	◔	○	◔	◔	◑ z.B. kryogene Medien
Schleifen	●	◔	○	◔	◑	
EDM	●	○	○	○	○	◑ Dielektrikum
ECM	●	○	○	○	○	◑ Elektrolytlösung
Wärmebeh.	◕	◔	●	◑	◑	◑ Endo- & Schutzgase
Waschen	●	◔	◑	○	○	◑ Tenside, etc.
Umformen	●	○	○	○	◔	
Druckluft-erzeugung	●	○	○	◑	○	○
Zentrale KSS-Anlage	●	◑	○	◑	◕	◑ Filterhilfsmittel, Nachadditivierung
Techn. Wärme	●	○	○	○	○	◕ z.B. Erdgas (eigenes Heizkraftwerk)
Kälteenergie	●	○	○	○	○	○ bei Erzeugung über Kühltürme oder Wärmetauscher

Einfluss der Verbrauchsarten:

●: Höchster, ◕: Hoher, ◑: Mittlerer, ◔: niedriger, ○: keiner

4.3 Unternehmerische Perspektiven in Bezug auf Ressourceneffizienz

Entrepreneurial Perspectives regarding Resource Efficiency

In diesem Kapitel werden unternehmerische Perspektiven und Vorgehensweisen in Bezug auf die Ressourceneffizienz beleuchtet, um die Möglichkeit der Variation für die spätere Verwendung in einer softwarebasierten Entscheidungsunterstützung vorzusehen. Unternehmerische Perspektiven zeichnen sich vor allem dadurch aus, dass eine Vielzahl an unterschiedlichen Zielen zu verfolgen ist. Hierbei ist das Fundamentalziel minimaler Kosten zu nennen. Die weiteren Ziele sind als Instrumentalziele der Erreichung des Fundamentalziels unterzuordnen. Entscheider sehen sich mit ökonomischen, gesellschaftlichen, sozialen und ökologischen Herausforderungen konfrontiert und müssen vor deren Hintergrund bestmögliche Entscheidungen treffen. Für die Bewertung von Technologieketten sind vor allem ökonomische, ökologische und technologische Faktoren entscheidend, die im folgenden Kapitel 4.4 näher untersucht und ausgewählt werden. Wechselwirkungen müssen gegeneinander abgewogen werden, so dass eine integrierte Bewertung aller Faktoren notwendig ist. Beispielsweise verändern sich durch veränderliche Ressourcenpreise die Amortisationszeiten deutlich, und Investitionsentscheidungen werden somit beeinflusst. Bei im Vergleich größeren Verbräuchen an Materialien und Energie können Prozesskettenalternativen bei einer Lebenszyklusanalyse eine sinkende Präferenz aufweisen.

Die unternehmerische Perspektive bei der Bewertung der Ressourceneffizienz von unterschiedlichen Technologieketten adressiert besonders die ökonomischen Kriterien. So werden in der aktuellen Umsetzung in Unternehmen meist nur Maßnahmen mit dem Potenzial zur Ressourceneffizienzverbesserung eingesetzt, wenn eine Amortisationszeit von wenigen Jahren vorliegt [HERB13]. Dementsprechend werden hauptsächlich leicht umzusetzende Maßnahmen mit wenig Investitionskosten und großen vergleichbaren Einsparpotenzialen umgesetzt. Diese Vorgehensweise ist vor dem Hintergrund, dass zukünftige Zahlungsflüsse betriebswirtschaftlich im Vergleich zu heutigen Zahlungsflüssen von weniger Wert sind, nachvollziehbar und logisch. Der Zusammenhang des Barwerts von Zahlungsflüssen bzw. einer Investition ist folgendermaßen definiert [HERR10, S. 139]:

$$KW = -A_0 + \frac{\sum e_t - a_t}{(1+i)^t} \qquad [€] \qquad (4.2)$$

KW:	Kapitalwert	[€]
A_0:	Anfangsauszahlung	[€]
e_t:	Einzahlung zum Zeitpunkt t	[€]
a_t	Auszahlung zum Zeitpunkt t	[€]
i:	Kalkulationszinssatz	[%]

Je nach Risikoabschätzung werden Kalkulationszinssätze von 1 % bis 12 % verwendet. Diese orientieren sich unter anderem an kapitalmarktüblichen Größenordnungen. Für langfristige Anleihen und entsprechend geringem Risiko liegen Zinssätze bei 1-2 %, bei risikobehafteten Wertpapieren bei etwa 8-12 %. Wenn die initiale Investition in Verbesserungsmaßnahmen höher ist als der zu erwartende Kapitalwert KW der jährlichen Einsparungen e_t, wird die Maßnahme nicht durchgeführt. Für Ressourceneffizienzmaßnahmen ergibt sich aus betriebswirtschaftlicher Sicht der Fall, dass zukünftige Zahlungsflüsse im Vergleich zur konventionellen Variante stets positiv, aber abnehmend sind. Da der Planungshorizont aus ökonomischer Sicht oftmals kurz gehalten wird, kann so eine Maßnahme, obwohl sie finanziell lukrativ ist, aufgrund zu geringer Planungszeiträume und einer kurzfristig zu geringen Rendite abgelehnt werden [HERR10, S. 139].

Dieser industriellen Vorgehensweise der grundsätzlichen finanziellen Bewertung von Investitionsmaßnahmen, also auch denen der Ressourceneffizienz folgend, muss ein Bewertungsmodell der Ressourceneffizienz nicht nur den Kapitalwert berechnen können, sondern auch eventuelle Veränderungen in der Zukunft einbeziehen. Vor allem sich wandelnde Energie- und Materialpreise, die stark von der politischen und globalen Entwicklung abhängen, müssen variierbar einstellbar sein für die kommenden Jahre, um reale Kostenentwicklungen abbilden zu können. Die mathematische Einbindung in das Bewertungsmodell wird in Kapitel 6 erläutert.

4.4 Ableitung notwendiger Bewertungskriterien

Derivation of necessary Evaluation Criteria

Notwendige Bewertungskriterien leiten sich direkt aus den Zielsetzungen einer Unternehmung ab. Diese Ziele werden in der späteren Gewichtungsphase des Bewertungsmodells explizit adressiert und miteinander verglichen. Für die Ableitung notwendiger Bewertungskriterien sollten bereits die wesentlichen Ziele einer Technologiekette, also unter anderem minimale Kosten bei Erreichen definierter funktionaler Anforderungen feststehen. In den folgenden drei Unterkapiteln werden in den Dimensionen Ökonomie, Ökologie und Technologie unterschiedliche notwendige Kriterien aus den jeweiligen Zielen dieser Dimensionen abgeleitet. Die Zusammenstellung des notwendigen Kennzahlensystems, bestehend aus ökologischen, technologisch-organisatorischen und ökonomischen Kriterien, ist Bestandteil des Kapitels 5.

4.4.1 Ökonomische Kriterien

Economic Criteria

Ziele der ökonomischen Dimension der Bewertung der Ressourceneffizienz orientieren sich am Fundamentalziel möglichst geringe Kosten im Unternehmen, also auch in der Herstellung von Produkten zu erreichen. Darüber hinaus existieren Ansätze wie etwa das Life Cycle Costing (LCC), die eine lebenszyklusbasierte Kostenbetrachtung adressieren. Für die Auswahl von Technologieketten stehen die funktionalen Anforderungen an das Produkt fest. Aus diesem Grunde sind unmittelbar keine lebenszyklusübergreifenden Ansätze für unterschiedliche Alternativen zu beleuchten, da die Nutzungsphase nicht verändert wird (vgl. Kapitel 5.1.1). Dennoch sollen auch ökonomische Faktoren wie etwa Kapitalbindung oder der Ansatz des Barwerts berücksichtigt werden. Effekte wie höhere Investitionskosten bei gleichzeitig verringerter Umweltbeeinflussung werden auch ohne Lebenszyklusansatz abgebildet.

Zunächst ist für die Auswahl von Technologieketten zu entscheiden, welche Kostenrechnungsverfahren bei der Betrachtung der Herstellkosten in Frage kommen, um ökonomische Kriterien zu begründen. In der Planungsphase der Herstellung eines Produkts sollten nicht ausschließlich Vollkostenrechnungen durchgeführt werden, da einerseits die Informationsbasis eine Abschätzung der Gemeinkosten nicht erlaubt und weiterhin nur die Herstellkosten variieren. Die Vollkostenrechnung beinhaltet sowohl variable Kosten, die also bei einer höheren Produktionsmenge ebenfalls ansteigen, als auch fixe Kosten, die bei Steigerung der Produktion weiterhin in gleicher Höhe anfallen. Abschreibungen von Fertigungsanlagen oder deren Betriebskosten, die nicht eindeutig einem Produkt zugeordnet werden können, sind ebenfalls in den

Fixkosten verankert. In der Teilkostenrechnung werden im Wesentlichen die variablen Kosten zur Herstellung von Produkten berechnet. Diese variablen Kosten können als die Kosten des Betriebs der notwendigen Anlagen ohne Personalkosten verstanden werden. Für die Teilkostenrechnung existieren unterschiedliche Ansätze wie das *Direct Costing, die mehrstufige Fixkostendeckungsrechnung* sowie die *relative Einzelkosten- und Deckungsbeitragsrechnung*. Bis auf das Direct Costing sind alle diese Verfahren eher zur Programmplanung auf Basis bereits bestehender Anlagen zu verwenden. Gemein sind allen Kostenrechnungen, dass sie als Kostenträgerrechnung aufzustellen sind, da die Kosten pro Bauteil, Produkt bzw. Dienstleistung bestimmt werden sollen [GÖTZ10, S. 153 ff.].

Für die weitere Vorgehensweise in dieser Arbeit sollen also Teilkostenrechnungen mit dem Ziel der Bestimmung der variabel durch die Fertigung anfallenden Kosten verwendet werden. Diese Kostenrechnung beruht auf den in Einsatz zu bringenden Betriebs- und Fertigungsstoffen. Darüber hinaus sind auch variable Kosten durch Betriebsmittel und Personaleinsatz abzudecken, da diese direkt von der Durchlaufzeit, die wiederum je nach Alternative variiert, abhängen können. Im Bewertungsmodell dieser Arbeit sollen Personal- und Betriebsmittelkosten nur als Stundensätze verwendet werden.

Tabelle 4.3 stellt die ökonomischen Kriterien sowie die Ziele dieser Kriterien dar. Diese Kriterien orientieren sich an Kostenbestandteilen, Amortisationszeiten sowie dem gebundenen Kapital. Die Amortisationszeiten sind für das spätere Bewertungsmodell notwendig für Mehraufwände einzelner Alternativen. So können Mehraufwände für Energieeffizienzmaßnahmen bewertet werden.

Tabelle 4.3: Ökonomische Kriterien, Ziele sowie mögliche Indikatoren
Economic criteria, their goals and possible indicators

Ziel	ökonomisches Kriterium	Mögliche Indikatoren
Kostenreduktion	Herstellkosten	Materialkosten, Fertigungskosten
	Investitionskosten	zurechenbare Investitionskosten pro Fertigungskette
	Amortisationszeit bei Mehraufwand einzelner Alternativen	Amortisationszeit, Kapitalbarwert
	Lebenszykluskosten	TCO-Ansatz, LCC
Reduktion des gebundenen Kapitals	Gebundenes Kapital	Gebundenes Kapital durch Wert der Technologiekette

Für die ökonomischen Indikatoren muss eine enge Übereinstimmung mit unternehmensspezifisch angewendeten Kosten- bzw. Investitionsrechnungssystemen gewährleistet werden, damit identische Ziele verfolgt werden.

4.4.2 Ökologische Kriterien

Ecological Criteria

Unter ökologischen Kriterien werden alle Kriterien verstanden, die einen Bezug auf den Einfluss auf den Ressourcenverbrauch oder die Umwelt aufweisen. Diese Kriterien werden mit unterschiedlichen Indikatoren beschrieben. Es sind sowohl relative als auch absolute Indikatoren nutzbar, wobei eine genaue Auswahl inklusive der Einordnung in das Bewertungsmodell im späteren Verlauf der Arbeit erfolgt. Konkrete quantitative Indikatoren der ökologischen Auswirkung der Erzeugung eines ökonomischen Guts sind das Treibhausgaspotenzial, gemessen in äquivalenten CO_2-Emissionen, sowie der Primärenergiebedarf, der durch den kumulierten Energieaufwand in MJ bestimmt wird. CO_2-Emissionen sind hierbei ein definierter Indikator des Beitrags zur Klimaerwärmung, während der KEA als Maß für die Nutzung und den Verbrauch natürlicher Ressourcen angesehen werden kann.

Unter den ökologischen Zielen ist vor allem die Verringerung des Einsatzes von kritischen Ressourcen im Hinblick auf die ökologische Auswirkung auf die Umwelt, aber auch vor dem Hintergrund einer reduzierten Verfügbarkeit zu nennen. Nicht nur absolute Indikatoren zu Verbräuchen, sondern prozessbezogene Effizienzmaße, wie der Ansatz von STIENS [STIE00], können die Vorteilhaftigkeit unterschiedlicher Technologiekettenalternativen beeinflussen.

Folgende Tabelle 4.4 stellt unterschiedliche ökologische Kriterien, deren Ziele sowie mögliche Indikatoren dar. Im Gegensatz zu den zuvor gezeigten ökonomischen Kriterien, müssen für ökologische und technologische Kriterien teils Indikatoren verwendet werden, da prinzipbedingt keine eindeutige Beschreibung der jeweiligen Kriterien möglich ist. Nicht alle gelisteten Indikatoren sind für die technologische Auswahl von Technologieketten verwendbar, da einzelne Kennzahlen ein zu hohes Abstraktionsniveau oder keine eindeutige Zuordnung zu realen Einflüssen auf die Umwelt aufweisen.

Tabelle 4.4: Ökologische Kriterien, deren Ziele sowie mögliche Indikatoren

Ecological criteria, their goals and possible indicators

Ziel	ökologisches Kriterium	Mögliche Indikatoren
Minderung der Klimaerwärmung	Treibhausgaspotenzial	Äquivalente CO_2-Emissionen in kg
Reduktion der Ressourcennutzung	Einsatz natürlicher Ressourcen	Kumulierter Energieaufwand, Primärenergiebedarf in MJ, Abbau biotischer und abiotischer Ressourcen in kg Sb-Äquivalent
	Prozesseffizienz	Prozesseffizienz nach STIENS, Verbrauch einzelner Ressourcen pro Bauteil
Verringerung des Einflusses auf Umwelt	Biologische Wirkungen	Eutrophierungspotenzial, Toxizität, Versauerungspotenzial, Potenzial zum Abbau der Ozonschicht (ODP), Photochemisches Ozonerstellungspotenzial (POCP)
	Schädliche Wirkungen	Nutzung umweltschädlicher Zusatz- oder Hilfsstoffe
Wiederverwendung von Ressourcen	Recyclingfähigkeit	Möglichkeit des Recyclings

4.4.3 Technologisch-organisatorische Kriterien

Technological-organisational Criteria

Unter technologisch-organisatorischen Kriterien werden Bewertungsdimensionen verstanden, die weder direkte ökonomische noch ökologische Komponenten aufweisen. Letztendlich können diese Kriterien sich auch auf die Kosten oder Umweltwirkung auswirken, fügen sich aber eher in bestehende Zielsysteme von Unternehmen ein. Beispielsweise wirkt sich eine hohe Flexibilität von Fertigungsanlagen auch auf die Kosten aus, da für mehr Produktvarianten weniger Anlagen beschafft werden müssen. Auf der anderen Seite führt eine hohe Flexibilität aber auch zu negativen Eigenschaften, da unter Umständen nicht der ideale Prozess aus Sicht der Produktivität oder des Ressourceneinsatzes verwendet wird. Darüber hinaus werden vor allem Faktoren wie die Qualität oder die Beeinflussung von Gefügeeigenschaften unter technologischen Kriterien zusammengefasst. Diese wirken sich auf die Bewertung durch Entscheider in nicht unerheblichem Maße aus.

In Tabelle 4.5 sind technologische und organisatorische Kriterien exemplarisch dargestellt. Die Kriterien orientieren sich an aus den aktuellen Herausforderungen der Fertigung abgeleiteten Zielstellungen.

Tabelle 4.5: Technologische und organisatorische Kriterien, deren Ziele sowie mögliche Indikatoren

Technological and organizational criteria, their goals and possible indicators

Ziel	technolog. Kriterium	Mögliche Indikatoren
Flexibilität	Nutzbarkeit für andere Produkte / Varianten	Anzahl der herstellbaren Produktvarianten, Rüstzeit
Qualitätserhöhung	Geforderte Funktionalität	Qualitätsbedingte Ausschussrate, Beeinflussung der Oberflächengüte, Technologiereifegrad
Produktivitätserhöhung	Produktivität	Durchlaufzeit, Taktzeit, fertigungsbedingte Ausschussrate, Technologiereifegrad

Die gezeigten technologisch-organisatorischen Kriterien weisen in der Bestimmung der zugehörigen Indikatoren die größten Herausforderungen auf, da teils nur ordinale Bewertungsskalen verwendet werden können.

4.5 Zwischenfazit

Interim Conclusion

In diesem Kapitel wurde aufgezeigt, innerhalb welches Betrachtungsrahmens das zu entwickelnde Entscheidungsmodell verwendbar ist. Das Modell soll vor allem in der Planung von Technologieketten verwendet werden, um Alternativen vergleichend zu bewerten, da in dieser Phase die Ressourceneffizienz der Produktherstellung maßgeblich definiert und die gesamte Anlagentechnik bestimmt wird. In der Fertigung selbst sind nur mit Zusatzinvestitionen oder einer Änderung von Einstellparametern Verbesserungen der Ressourceneffizienz erzielbar, da die Werkzeugmaschinen und deren Eigenschaften sowie Verbrauchsprofile weitestgehend fixiert sind. Die Möglichkeiten in der Fertigung sollten allerdings nicht vernachlässigt werden, so dass das Modell auch für die Bewertung von bereits aufgebauten Technologieketten verwendbar ist. Unter anderem lässt sich so ein Vergleich der geplanten Bewertungskriterien mit den tatsächlich in der Fertigung umgesetzten durchführen. Mit diesen Erkenntnissen werden Prognoseverfahren und das gesamten Entscheidungsmodell detailliert und verbessert.

Weiterhin wurden Fertigungsprozesse hinsichtlich ihrer Prognosefähigkeit und der bisherigen wissenschaftlichen und industriellen Durchdringung bezüglich der Ressourceneffizienz untersucht. Es zeigt sich, dass vor allem diejenigen Verfahren Ziel umfangreicher Untersuchungen waren, die prozessbedingt hohe Verbräuche verursachen oder durch die zugeführte Menge an Materialien und Hilfsstoffen gesteuert werden.

Darüber hinaus wurden Kriterien definiert, die den ökologischen Einfluss der Nutzung von Prozessketten zur Herstellung eines Produkts oder Bauteils repräsentieren. Aufgrund der engen Verknüpfung von Ressourceneffizienzmaßnahmen mit dafür entstehenden Kosten sowie der Notwendigkeit des Erhalts der technologischen Fähigkeit der Herstellung sind ebenfalls ökonomische und technologische Kriterien beschrieben worden, um eine verlässliche Bewertungsgrundlage zu schaffen. Diese Kriterien werden im folgenden Kapitel in ein Kennzahlensystem überführt und hinsichtlich ihrer Eignung für eine Ressourceneffizienzbewertung analysiert.

In diesem Kapitel wurden grundsätzlich notwendige Kriterien der Bewertung der Ressourceneffizienz von Technologieketten erarbeitet. Somit dienen die Ausführungen des Kapitels der Beantwortung der ersten Forschungsfrage, die die Bestimmung notwendiger Kriterien beinhaltet.

5 Entwicklung eines modularen, kennzahlenbasierten Entscheidungsmodells

Development of a Modular, Key Performance Indicator Based Decision Model

Ein modulares, kennzahlenbasiertes Entscheidungsmodell zur Auswahl von Technologieketten muss zunächst im Hinblick auf allgemeine Anforderungen an Kennzahlen und Kennzahlensysteme zur Bewertung ausgelegt werden. In einem zweiten Schritt werden die speziellen Anforderungen bestimmt, die durch die Bewertung der Ressourceneffizienz bedingt sind. Es werden notwendige Kennzahlen bestimmt und in der Folge die Datenherkunft erläutert. Ein Fokus dieses Kapitels liegt auf der Datenqualität und -quantität in Abhängigkeit von ihrer Herkunft. Dieser Fokus ist notwendig, um die Verknüpfung von top-down festgelegten Kennzahlen und bottom-up generierten Daten zu ermöglichen und eine ausreichende Datenqualität für die Erzeugung von Kennzahlen zu gewährleisten. Die dem Entscheidungsmodell hinterlegte Methode zur Bewertung von Prozesskettenalternativen und die anschließende Auswahl auf Basis von Energie- und Verbrauchsdaten verläuft in 6 Schritten, die in Abbildung 5.1 dargestellt sind.

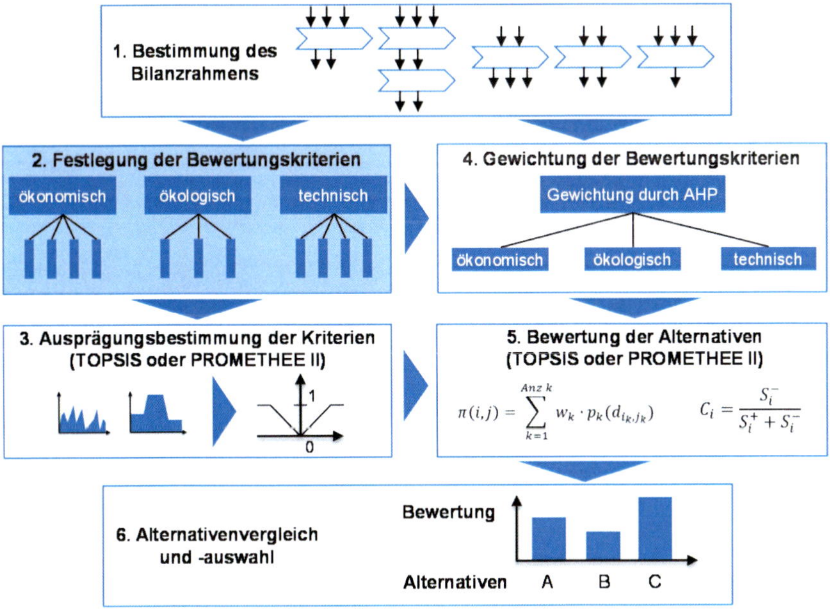

Abbildung 5.1: Vorgehensweise bei der Bewertung der Ressourceneffizienz von Technologiekettenalternativen und in diesem Kapitel adressierter Schritt

Methodology for evaluating resource efficiency of technology chain alternatives and addressed step of this chapter

Die Vorgehensweise orientiert sich am Ablauf des analytischen Hierarchie-Prozesses sowie der Ökobilanzierung. Der erste Schritt der *Bestimmung des Bilanzrahmens* wurde bereits in Kapitel 4 erläutert. In diesem Kapitel werden die *Festlegung der Bewertungskriterien* und das der Bewertung zu Grunde liegende Kennzahlensystem definiert. Die *Ausprägungen der Bewertungskriterien* aller Alternativen werden in Schritt drei über die Energie- und Verbrauchsdaten der Einzelprozesse der Technologieketten ermittelt. Beispielsweise können ökologische Wirkungen wie äquivalente CO_2-Emissionen oder Primärenergiebedarfe oder ökonomische Größen wie Kosten direkt aus den Energie- und Materialverbrauchsdaten berechnet werden. Darüber hinaus sind diese Verbrauchsdaten hin zu Ausprägungen zu aggregieren. Hierzu sind unter anderem Normierungen notwendig. Die Schritte vier und fünf beschreiben den Ablauf einer multikriteriellen Bewertungsmethode, in diesem Falle auf Basis des analytischen Hierarchie-Prozess, und werden in Kapitel 6 beschrieben. Eine beispielhafte Anwendung des Gesamtmodells inklusive des Vergleichs von Alternativen sowie einer Auswahl wird in Kapitel 7 durchgeführt und beinhaltet den Schritt sechs der Bewertungsmethodik. Es ist darauf hinzuweisen, dass eine iterative Vorgehensweise der Methodik notwendig sein kann. Vor allem bei der Bestimmung der Grenzen von Bewertungskriterien und der darauf aufbauenden Bewertung sind Iterationsschleifen zur Verbesserung der Bewertungsmethodik empfehlenswert.

5.1 Anforderungen an das Entscheidungsmodell und an Kennzahlen der Ressourceneffizienz

Requirements of the Decision Model and of the Resource Efficiency Indicators

In diesem Kapitel werden die Anforderungen an das Entscheidungsmodell und die zu Grunde liegenden Kennzahlen definiert. So müssen zunächst die Funktionen und die Zielsetzung des Entscheidungsmodells hinsichtlich der notwendigen Voraussetzungen eines derartigen Modells untersucht werden. Diese Voraussetzungen orientieren sich maßgeblich an der in der Zielsetzung formulierten Ausrichtung der Gesamtmethodik dieser Arbeit. Darüber hinaus sind Anforderungen an Kennzahlen zu analysieren, damit das Kennzahlensystem effektiv anwendbar ist, ohne Fehlschlüsse oder Missinterpretationen zu fördern.

5.1.1 Anforderungen an das Entscheidungsmodell

Requirements of the Decision Model

Anforderungen an das Entscheidungsmodell richten sich nach den in der Aufgabenstellung festgelegten Zielen der vorliegenden Forschungsarbeit. Folgende Ziele sind auf Basis der formulierten Forschungsfragen und der Zielsetzung festgelegt:

1. *Quantitative Bewertung der Ressourceneffizienz:* Die Bewertung der Ressourceneffizienz muss auf Basis zahlenmäßig vergleichbarer Größen erfolgen, um die zuvor beschriebenen Forschungsfragen zu beantworten.
2. *Die geforderte Vorgehensweise der Ökobilanzierung muss gewahrt werden:* Um eine Aussage auf Basis mit der Ökobilanzierung erzeugter Wirkungen nach DIN ISO 14040/44 treffen zu können, muss die dort beschriebene Vorgehensweise eingehalten werden.
3. *Vergleichbarkeit von Fertigungsketten:* Eine wesentliche Voraussetzung für ein Entscheidungsmodell ist die Möglichkeit des Vergleichs mehrerer Prozessketten, um Unterschiede und Abweichungen im Hinblick auf die Ressourceneffizienz sichtbar zu machen.
4. *Nutzbarkeit bei bestehenden und neuen Prozessketten:* Ziel des Entscheidungsmodells ist es, bestehende Anlagen mit alternativen Prozessketten zu vergleichen. Sowohl zu beschaffende als auch bereits installierte Technologieketten sind in Betracht zu ziehen und müssen mit dem Entscheidungsmodell kompatibel sein.
5. *Betrachtung unterschiedlicher Unternehmensperspektiven:* Je nach Betrachtungsperspektive des Unternehmens sind unterschiedliche Zielsetzungen zu verfolgen, die durch Kennzahlen abgebildet sein müssen.

Die *quantitative Bewertung der Ressourceneffizienz* basiert auf Energie- und Materialverbräuchen, die während der Fertigung in den jeweiligen Prozessen oder zentralen Anlagen entstehen. Das Entscheidungsmodell muss diese Verbrauchsdaten möglichst automatisiert in Kennzahlen umrechnen. Diese Kennzahlen können so für jede Prozesskettenalternative generiert und untereinander verglichen werden. Eine zahlenmäßige Vergleichbarkeit ist notwendig, um die Einflüsse einzelner Kennzahlen und deren Herkunft analysieren zu können. Darüber hinaus müssen auch verbrauchsunabhängige Größen erfasst werden können. Eine wichtige Anforderung an das Entscheidungsmodell ist die *Einhaltung der Vorgehensweise der Ökobilanzierung.* Da viele Energie- und Materialverbräuche nicht direkt miteinander verrechenbar sind, sollen unter anderem ökologische Wirkungskategorien als einheitliches Maß zur Bewertung verwendet werden. Um dieses Maß verwenden zu können, müssen die Bedingungen einer Ökobilanzierung eingehalten werden, damit die Ergebnisse konsistent sind. Wesentliche Bedingungen sind die korrekte Wahl der Bilanzhülle, so dass keine signifikanten Einflüsse vernachlässigt werden, eine einheitliche Datenerhebung, um die Vergleichbarkeit zu gewährleisten, sowie eine angemessene Wirkungsabschätzung auf Basis verlässlicher Datengrundlagen. So muss vermieden werden, zahlreiche Datenbanken zur Abschätzung von ökologischen Wirkungen von Verbrauchsmaterialien- und -energien miteinander zu kombinieren, ohne die Vergleichbarkeit der vorliegenden Daten einschätzen zu können. Die Ökobilanzierung soll allerdings nicht alleinige Datenquelle sein. Technologische und ökonomische Faktoren sind ebenfalls in der Gesamtmethodik zu verwenden.

Unter anderem durch die Nutzung der Ökobilanzierung wird die Notwendigkeit der *Vergleichbarkeit von Technologieketten* bei der Bestimmung quantitativer Bewertungskriterien gewährleistet. Es ist das Ziel, Technologieketten zu vergleichen, die zur Herstellung funktional gleichwertiger Bauteile fähig sind. Sollten bei einer alternativen Prozesskette Koppelprodukte anfallen, so ist eine Allokationsproblematik zu lösen. In der vorliegenden Arbeit wird davon ausgegangen, dass Alternativen miteinander verglichen werden, die das gleiche Produkt in gleicher Qualität herstellen, sich jedoch in ihrem Ablauf, der zeitlichen Dauer sowie des Verbrauchs an Energie und Material unterscheiden. Dementsprechend sind Fertigungsverfahren, deren Vorteile in der Nutzungsphase der Produkte realisiert werden, nur bedingt mit dem Entscheidungsmodell abzubilden. Beispielsweise sind additive Fertigungsverfahren hauptsächlich dann wirtschaftlich einsetzbar, wenn die Eigenschaften des Produktes durch eine Funktionsintegration oder eine angepasste Konstruktion verändert werden. Eine konstruktive Veränderung des Erzeugnisses wird in der vorliegenden Arbeit nicht abgebildet. Abweichende technologische und ökonomische Faktoren können in der Bewertungsmethodik bewertet werden. Eine abweichende Qualität des zu fertigenden Endprodukts wird mittels der Bewertungsmethodik abgebildet, die Bestimmung von Qualitätsmerkmalen ist allerdings nicht Bestandteil des vorliegenden Ansatzes. Bei Erreichen der funktionalen Anforderungen des Produkts, beispielsweise Oberflächengüte, Maßtoleranz oder Randzonenbeeinflussung, werden Technologieketten als funktional gleichwertig eingestuft. Eine Übererfüllung der Qualitätskriterien führt nicht zu einer verbesserten Bewertung einer Alternative.

Das Bewertungsmodell soll weiterhin fähig sein, sowohl *bestehende als auch neue Technologieketten* zu bewerten. Diese Anforderung entsteht aus dem Bedarf nach kontinuierlicher Verbesserung bei der Bewertung der Ressourceneffizienz. Bei Bewertungen von Technologieketten in der Planungsphase ist es notwendig nach der Auswahl und Inbetriebnahme der Prozesskette, eine Erfassung der Verbrauchsdaten durchzuführen, um einen Soll-Ist-Abgleich und somit eine nachfolgende Verbesserung der Planungsvorgehensweise zu realisieren, vgl. Abbildung 5.2.

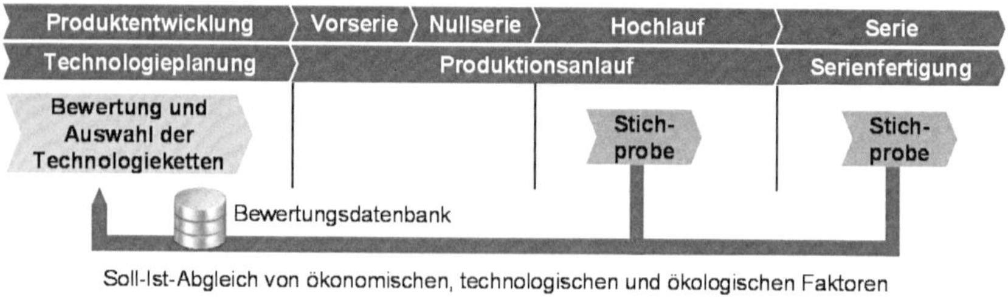

Abbildung 5.2: Vorgehensweise zur kontinuierlichen Verbesserung des Bewertungsprozesses

Approach for the continuous improvement of the evaluation process

Durch eine Analyse der Abweichungen von Prognose und realer Nutzung während des Hochlaufs und in der finalen Konfiguration der Prozesskette können Fehlerquellen identifiziert und die Prognoseverfahren verbessert werden. Die geführten Vergleiche sollten in einer Bewertungsdatenbank abgelegt werden, um bei zukünftigen Planungen bereits Abweichungen erfahrungsbasiert verringern zu können. Ein solcher, kontinuierlicher Prüfprozess wird industriell in einigen Fällen durchgeführt. Beispielsweise kann bei der Anlagenbeschaffung seitens des Herstellers eine Prognose gefordert werden, deren Validität nach Inbetriebnahme auf ihre Energie- und Materialverbräuche hin untersucht wird [KLOC14b].

Für eine umfassende Bewertung der Ressourceneffizienz sind monetäre und technologische Größen nicht zu vernachlässigen. Unterschiedliche *Unternehmensperspektiven*, beispielsweise aus Sicht eines Geschäftsführers, eines Prozessplaners oder Anlagenbetreibers, bedingen eine umfassende Bewertung auch ökonomischer und technologischer Größen. Auch Durchlaufzeiten, Lagerbestände und ähnliche Einflussfaktoren sollten enthalten oder zumindest bewertbar sein, damit bei Bedarf eine umfangreiche Evaluation durchgeführt werden kann. Darüber hinaus müssen unterschiedliche Bewertungskriterien je nach Sichtweise variiert und unterschiedlich gewichtet werden können.

5.1.2 Anforderungen an Ressourceneffizienzkennzahlen

Requirements of Key Performance Indicators of Resource Efficiency

Der Wahl der Kennzahlen kommt eine besondere Bedeutung zu, da nicht erbringbare oder irreführende Kennzahlen nicht nur die Steuerung eines Unternehmens oder Bereichs erschweren, sondern zusätzlich auch die Motivation der involvierten Mitarbeiter sinkt. Die Anforderungen, die an übliche Kennzahlensysteme der Betriebswirtschaft gestellt werden, sollen auch für die Ressourceneffizienzkennzahlen verwendet werden [GLAD08, S. 92f]. Darüber sind Anforderungen an Kennzahlen notwendig, so dass im Rahmen der Produktion die Qualität des Kennzahlensystems gewährleistet wird. Nach VÖLKER sind folgende Eigenschaften von Kennzahlen in Anlehnung an GLEICH gefordert [VÖLK12, S. 97; GLEI01, S. 244 f.]:

- Wirtschaftlichkeit
- Aktualität
- Fehlerfreiheit
- Sensitivität
- Zielorientierung
- Verständlichkeit
- Validität
- Messbarkeit

Vor allem die *Wirtschaftlichkeit* ist hierbei hervorzuheben. Kennzahlen können nur dann wirtschaftlich eingesetzt werden, wenn ihre Kosten bzw. die Kosten zur Beschaffung der notwendigen Datengrundlage die finanziellen Vorteile nicht überwiegen [SCHR07, S. 75]. Dementsprechend ist es entscheidend, keine zu große Anzahl an Kennzahlen zu definieren, da der Aufwand der Bestimmung stetig zunimmt und zu Unwirtschaftlichkeit führt. Andererseits können Ressourceneffizienzkennzahlen nicht immer wirtschaftlich einsetzbar sein, da nicht alle diese Kennzahlen direkte Einsparungen ermöglichen. Darüber hinaus ist die Einbindung von Kennzahlen zur Beschreibung der Ressourceneffizienz nicht immer rein ökonomisch motiviert.

Die genannten Anforderungen müssen genauso für Ressourceneffizienzkennzahlen gelten. Vor allem die *Aktualität* und *Messbarkeit* stehen in direkten Wechselwirkungen zueinander. Eine Echtzeitmessung von Energie- und Materialeinsatz ist kosten- und aufwandsintensiv, da umfangreiche automatisierte Systeme bestehen müssen, die in der Lage sind, notwendige Aggregationen in Echtzeit vorzunehmen. Bei Verwendung von Stichprobenmessungen oder Berechnungen ist die Aktualität stets zu überprüfen, damit Kennzahlen mit geltenden Daten erzeugt werden. Dies geht ebenfalls mit *Fehlerfreiheit* einher, da ältere Stichproben im Verhältnis zu aktuelleren Messungen Abweichungen aufweisen können. Die *Validität* von Ressourceneffizienzkennzahlen ist explizit zu beachten. So sollten Scheinkorrelationen und fehlerhafte Schlüsse auf Basis von Kennzahlen vermieden werden. Vor allem absolute Kennzahlen wie äquivalente CO_2-Emissionen pro Jahr einer Unternehmung können irreführen, so lange die Bezugsgröße, also beispielsweise eine unterstellte Ausbringungsmenge, nicht definiert ist. Die *Sensitivität* von Kennzahlen ist besonders für die Bewertung von Technologieketten und der späteren Bestimmung von relativen Ausprägungen von besonderer Bedeutung. Es muss bei relativen Vergleichen stets gewährleistet sein, dass signifikante Abweichungen auch in der Bewertung erkennbar sind, also die Bezugsgrenzen sinnvoll gewählt sind. Für die *Zielorientierung* müssen die konkreten Ziele eines Kennzahlensystems klar definiert sein. Für die Ressourceneffizienzbewertung ist es notwendig, dass übergeordnete Ziele des Unternehmens sich auch in diesen Kennzahlen widerspiegeln. Hierzu gehören sowohl Kostenfaktoren als auch Ressourcenverbrauchsmengen und beispielsweise die Abhängigkeit von limitierten Materialien, etwa von seltenen Erden. Die Anforderung der *Verständlichkeit* von Kennzahlen ist besonders wichtig. Während ökonomische Kennzahlen meist nachvollziehbar sind, können ökologische Bewertungskriterien ohne entsprechende Erfahrung schwer interpretierbar sein. So sind viele ökologische Wirkungskategorien wie das Eutrophierungspotenzial oder die Ökotoxizität zwar zahlenmäßig bestimmbar, eine tatsächliche Ableitung von konkreten Maßnahmen zur Verbesserung ist für ingenieurwissenschaftliche Entscheider nur mit viel zusätzlichem Hintergrundwissen erbringbar.

5.2 Hierarchieebenen des Bewertungsmodells

Hierarchy Levels of the Evaluation Model

Für die modulare Gestaltung der Erfassungssystematik werden vier unterschiedliche Ebenen hierarchisch definiert:

1. Prozesskettenebene
2. Prozessebene
3. Verbrauchstypebene
4. Verbrauchsmodellebene

Unterhalb der *Prozesskettenebene* sind in der *Prozessebene* die Fertigungsschritte definiert. Jeder Fertigungsschritt einer Technologiekette besteht hierbei auf der *Verbrauchstypebenen* aus mehreren Modulen, die den jeweiligen Energie- und Materialverbräuchen zugeordnet sind. Diese Module beinhalten auf der *Verbrauchsmodellebene* Modelle, die diesen jeweiligen Stoffen bzw. Energien für diesen speziellen Prozessschritt zugeordnet sind. Eine Übersicht über die verschiedenen Ebenen gibt Abbildung 5.3. Es sind verschiedene Arten der Verbrauchsbestimmung dargestellt, deren ausführliche Erläuterung im folgenden Unterkapitel beschrieben wird. Es muss für jeden Prozessschritt, also jedes verwendete Verfahren, definiert werden, welche Verbrauchsarten jeweils anfallen und wiederum welche Verbrauchsmodelle diesen Arten zugeordnet werden können.

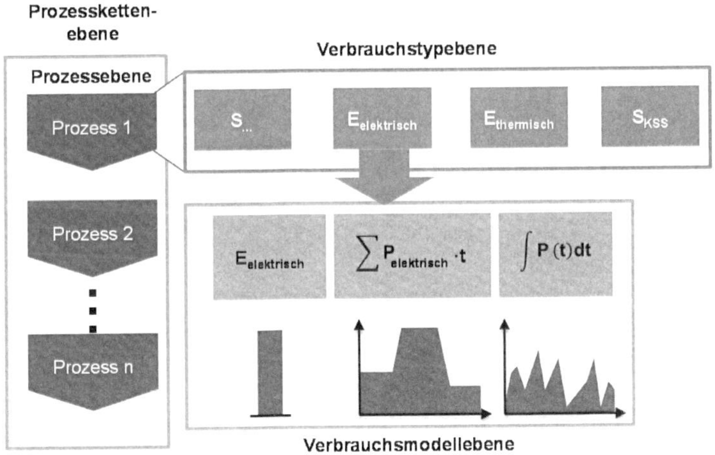

Abbildung 5.3: Modulare Ebenenstruktur der Verbrauchsbestimmung
Modular structure of the consumption determination

Für einen Verbrauchstyp, also eine Energie oder einen Stoff *i*, wird der Verbrauch pro Bauteil über die gesamte Prozesskette in Abhängigkeit von der Zeit nach Formel (5.1) definiert. Es wird dabei unterschieden nach direkten Verbräuchen, die direkt an der Werkzeugmaschine verursacht oder verbraucht werden und indirekten Verbräuchen, die in Form von bereits an Zentralanlagen erzeugten Medien anfallen [DÖBB14].

$$S_i = S_{i,direkt} + S_{i,indirekt} \tag{5.1}$$

$S_{i,direkt}$:	Direkter Verbrauch von Stoff i pro Bauteil
$S_{i,indirekt}$:	Indirekter Verbrauch von Stoff i pro Bauteil

Weiterhin werden die direkten Verbräuche weiter untergliedert und mit unterschiedlichen Ansätzen bestimmt [DÖBB14]. Für kontinuierliche Verbrauchsmessungen und deren Auswertung ergibt sich folgender Zusammenhang:

$$S_i = \int^{t} \dot{S}_i(t)dt \tag{5.2}$$

S_i:	Verbrauch von Stoff i pro Bauteil	
$\dot{S}_i(t)$:	Verbrauch von Stoff i pro Bauteil pro Zeit zum Zeitpunkt t	
t:	Durchlaufzeit der Prozesskette	[s]

Unter der Voraussetzung, dass alle Verbräuche und Zeitabschnitte der Prozesskette berücksichtigt werden, wird in einer ersten Diskretisierungsstufe der zeitabhängige Verbrauch in $n_{Prozesse}$ unterschiedliche Prozesse j unterteilt. Dies ist vor allem notwendig für die indirekten Verbräuche, die nur auf Prozessebene berechnet werden können. Folgende Stoffströme ergeben sich:

$$S_{i,j} = \sum_{j=1}^{n_{Prozesse}} \int^{t_j} \dot{S}_{i,j}(t)dt \tag{5.3}$$

$S_{i,j}$:	Verbrauch von Stoff i in Prozess j	
$\dot{S}_{i,j}$:	Verbrauch von Stoff i in Prozess j pro Zeit	
$n_{Prozesse}$:	Anzahl der Prozesse in der Prozesskette	[-]
t_j:	Prozessdauer des Prozesses j	[s]

Durch Aufteilung in $n_{PZ,j}$ verschiedene Prozesszustände k mit den jeweiligen Dauern $t_{i,j,k}$ lässt sich dieser zeitabhängige Verbrauch diskretisieren:

$$S_i =\cdot \sum_{j=1}^{n_{Prozesse}} \left(\sum_{k=1}^{n_{PZ,j}} \dot{S}_{i,j,k} \cdot t_{i,j,k}\right) \tag{5.4}$$

$n_{PZ,j}$:	Anzahl der Prozesszustände des Prozesses j	[-]
$t_{i,j,k}$:	Dauer des Zustands k des Prozesses j des Stoffs i	[s]

Mit der Kenntnis über verschiedene, als konstant angenommene Verbrauchsniveaus und der Dauer des jeweiligen Zustands wird so der Gesamtverbrauch pro Bauteil aller Prozesse für jeden Verbrauchstypen bestimmt. Die genauen Methoden zur Verbrauchsdatenbestimmung sind in Kapitel 5.3 näher beschrieben. Für alle Module wird als Schnittstelle der Verbrauch pro Bauteil verwendet, um alle Methoden der Verbrauchsbestimmung verwenden zu können. Für die Bestimmung der Verbräuche ist ein Zeitmodell erforderlich, das nicht-produktive und Standby-Zeiten beinhaltet, da die Verbräuche in diesen Zeiten nicht zu vernachlässigen sind bzw. einen maßgeblichen Einfluss auf den Gesamtverbrauch aufweisen. Vorhergehende Untersuchungen zeigen, dass ein großer Anteil des gesamten Energieverbrauchs auf den Maschinenzustand Standby entfällt [BRÜH11]. Für derartige Zeitmodelle ist es notwendig, die genauen Zeitanteile von Fertigungsprozessen zu definieren. Abbildung 5.4 zeigt die jeweiligen Zeitanteile verknüpft mit einer Leistungsaufnahme einer Werkzeugmaschine für einen Innen- sowie Außendrehprozess. Es handelt sich um die Zerspanung des Werkstoffs 20MoCr4 mit Hartmetallwerkzeugen. Die Zeitanteile sind hierbei an der VDI 3321 orientiert und können in Haupt- und Nebenzeit unterteilt werden [VDI3321; KLOC08, S. 375 ff.]. In der Fertigung ist in der Nebenzeit zu unterscheiden zwischen Standby und Deep-Standby, falls Maschinen automatisiert oder manuell in einen Zustand versetzt werden, der eine geringe elektrische Leistungsaufnahme aufweist. In obiger Darstellung entspricht dieser Zustand der Bezeichnung „Steuerung an". Es zeigt sich, dass eine Untergliederung in eine notwendige Anzahl von Betriebszuständen während der Fertigungszeit eines Bauteils möglich ist und je nach Verfahren zur Bestimmung des Verbrauchs definiert werden muss. Als eins der wesentlichen Kriterien zur Bestimmung der Verbrauchsmengen sind die Nebenzeitaktivitäten zu nennen. In der Nebenzeit werden Werkzeug- oder Werkstückwechsel, aber auch Messoperationen und ähnliche nicht direkt produktive Aktivitäten durchgeführt, während derer die Fertigung unterbrochen sein muss.

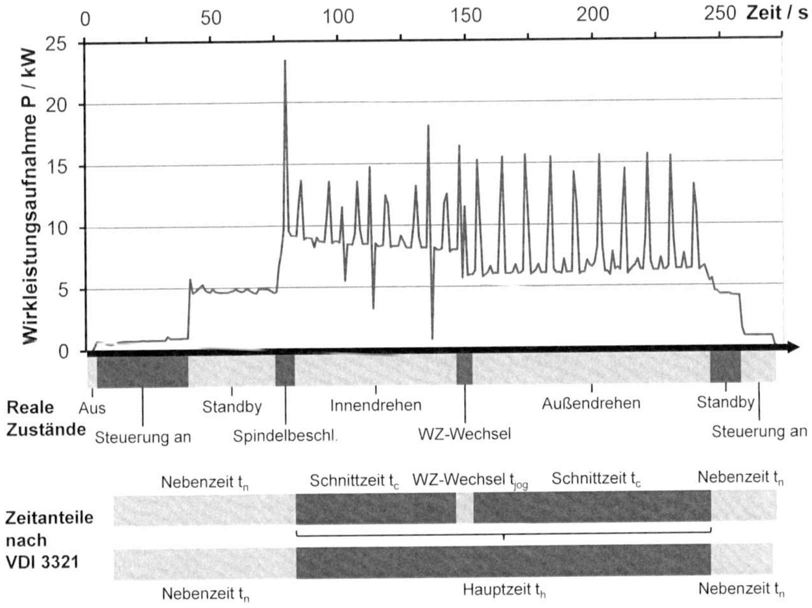

Abbildung 5.4: Wirkleistungsaufnahme P und Betriebszustände einer Werkzeugmaschine
Effective power P and operation conditions of a machine tool

Diese Nebenzeiten müssen adäquat abgeschätzt oder bestimmt werden, um die Verbräuche, die während dieser Zeit anfallen, nicht zu vernachlässigen. Dies gilt vor allem, wenn nicht nur eine überschlagsmäßige Bewertung durchgeführt werden soll. Für die Datenbestimmung werden unter anderem Verfahren verwendet, die an der Overall Equipment Effectiveness orientiert sind. Ansätze hierzu stellten SCHLOSSER und KRINGS dar, die in der Lage sind, Maschinenbetriebszustände über ohnehin meist in der Produktion erfassten Größen wie dem Leistungsgrad und dem Qualitätsgrad abzuschätzen [SCHL13; KRIN12].

Es ist abzuwägen, in welchem Detaillierungsgrad die Datenerfassung stattfinden soll. Je später die Bewertung der Ressourceneffizienz tatsächlich im Produktionsplanungsprozess durchgeführt wird, desto eher empfiehlt sich eine detailliertere Untersuchung, da notwendige Daten zu diesen Zeitpunkten verfügbar sind und ohne großen personellen Aufwand bereitgestellt werden können.

5.3 Bestimmung von Material- und Energieverbrauchsdaten

Determination of Material and Energy Consumption Data

Ein wesentlicher Fortschritt in der Bewertung der Ressourceneffizienz und der darauf aufbauenden Reduktion der Ressourcenverbräuche innerhalb von fertigungstechnischen Systemen ist die Kenntnis über Verursacher von Verbräuchen und deren Haupteinflussfaktoren. So kann beispielsweise die Kenntnis über die Verteilung der Verbräuche auf Werkzeugmaschinen, deren Komponenten, Zentralanlagen oder infrastruktureller Anlagen wie Absaugung und Heizung dazu führen, dass Strategien abgeleitet werden können, um den Gesamtverbrauch zu reduzieren, ohne dabei die Qualität oder Produktivität zu gefährden. Insofern ist es notwendig, sachbilanzgestützte Bewertungsverfahren derart zu verbessern, dass nicht nur reine Verbrauchsdaten gelistet werden, sondern Verbrauchsdaten verursacherbezogen bewertet werden können. So ist eine Modellierung oder Simulation einer ganzen Werkzeugmaschine in der Lage in Abhängigkeit von den gewählten Arbeitspunkten die aktuellen Verbrauchswerte für elektrische Energie, Druckluft und weitere Medien vorherzusagen. Durch eine derartige abhängigkeitsgetriebene Verbrauchsbestimmung lassen sich Strategien für Einsparungen ableiten. Es ist also notwendig, innerhalb der jeweiligen Verbrauchsmodule nicht nur fixe Verbrauchswerte pro Output zuzulassen, sondern komplette Simulationsmodelle als Eingangsgrößen für die Module verwenden zu können. Besonders die Auswirkung der jeweiligen Einflussfaktoren innerhalb der Module auf das Gesamtergebnis lässt sich durch diesen Ansatz innerhalb einer Sensitivitätsanalyse bestimmen.

5.3.1 Anforderungen an Energie- und Materialverbrauchsdaten

Requirements of Energy and Material Consumption Data

Die Bestimmung der Verbrauchsdaten, die in Kapitel 5.3.2 erläutert wird, muss hinsichtlich verschiedener Kriterien bewertet werden, um eine Anwendbarkeit für den adressierten Einsatzfall abschätzen zu können. Kriterien, die auch im Verlauf der Darstellung der jeweiligen Verbrauchsdatenbestimmung im Folgenden weiter untersucht werden, sind:

- Genauigkeit
- Zeitaufwand
- Zeitpunkt der Verfügbarkeit
- Kosten
- Notwendige Erfahrung von Mitarbeitern

Der wesentliche Faktor bei der Bestimmung von Verbräuchen an Maschinen und Anlagen ist die *Genauigkeit* der Methode. Darunter ist die Abweichung der gemessenen oder bestimmten Daten von den realen Verbräuchen zu verstehen. Während eine Live-Messung je nach Messverfahren die höchste Genauigkeit aufweist, weisen Abschätzungen auf Basis von Maschinenanschlussleistungen eine nur sehr geringe Genauigkeit auf. Eine exakte Bestimmung der Genauigkeit ist meist nicht möglich, da erst im Nachhinein die tatsächlichen Verbrauchsdaten verfügbar sind. Die Genauigkeitsabschätzung basiert auf einer kritischen Einschätzung. Je nach Anwendungsfall ist die Genauigkeit im Verhältnis zum entsprechenden Aufwand das wichtigste Kriterium zur Auswahl eines geeigneten Bestimmungsverfahrens.

Der *Zeitaufwand* bei der Bestimmung von Verbrauchsdaten ist ein entscheidender Faktor. Live-Messungen weisen keine Verzögerung auf und sind direkt verwertbar sowie direkt in digitale Systeme einzubinden. Beginnend mit einer Messung, die eine Weiterverarbeitung erfordert, bis hin zu Simulationsverfahren, die zunächst vorbereitet werden müssen, steigt der zeitliche Aufwand enorm an. Hierbei ist nicht der reine Zeitraum von der Entstehung eines Verbrauchs bis hin zu seiner Erfassung zu verstehen, sondern der Zeitraum bis zur Nutzbarkeit von Zahlenwerten, die den Verbrauch beschreiben. Besonders bei periodisch angestrebten Bewertungsintervallen ist eine Abschätzung des Zeitaufwands essenziell, um eine zu große Personalbindung zu verhindern oder eine Überschreitung des gesetzten Intervalls zu vermeiden.

Der *Zeitpunkt der Verfügbarkeit* von Energie- und Materialverbrauchsinformationen ist ein weiteres Bewertungskriterium, nach dem Verfahren zur Bestimmung bewertet werden müssen. So bieten Simulationsansätze den Vorteil, bereits in Planungsphasen zur Verfügung zu stehen und nicht erst nach Produktionsanlauf Informationen zu liefern wie bei realen Vermessungen der Maschinen- und Anlagentechnik. Je nach Ziel einer Analyse ist der Zeitpunkt der Verfügbarkeit der Verbrauchsdaten ein entscheidendes Kriterium.

Weiterhin sind die *Kosten* eines Bestimmungsverfahrens für ein Unternehmen einer der entscheidenden Faktoren. Hierbei sind sowohl Investitionskosten in eventuell notwendige Softwareprodukte, aber auch Personalkosten einzubeziehen. Weiterhin fallen bei Messungen je nach Genauigkeitsgrad hohe Kosten für Messequipment und Datenverarbeitung an. Beispielsweise können für die Messung elektrischer Energie tragbare Geräte verwendet werden, die eine geringere Menge von Messdaten pro

Zeit bieten, jedoch im Verhältnis zu hochgenauen Leistungsanalysatoren deutlich kostengünstiger sind. Bei Simulationsprogrammen des Verbrauchs sind oft hohe Lizenzkosten für eine Basissoftware zu entrichten und eine nachfolgende kostenintensive Einarbeitung von erfahrenen Mitarbeitern in die Software ist unerlässlich. Dennoch sind vor allem die Simulationsansätze bei steigender Durchdringung mit in Zukunft sinkenden Kosten verbunden und stellen wertvolle Ansätze zur Energie- und Materialverbrauchsprognose dar.

Bei der Bewertung der Energie- und Ressourceneffizienz von Fertigungsprozessen ist die *Erfahrung der damit betrauten Mitarbeiter* ein wesentlicher Schlüssel zu nachvollziehbaren und verwendbaren Informationen. Ebenso sind erfahrene Mitarbeiter für die Nutzung von Verbrauchsbestimmungsmethoden oftmals notwendig. Es gilt, die jeweiligen Verfahren im Hinblick auf dieses Kriterium zu untersuchen. Beispielsweise ist die Nutzung von Abschätzungsverfahren nur mit erheblichem Vorwissen möglich, da eine Abschätzung über möglicherweise entstehende Fehler sonst nicht realisierbar ist.

5.3.2 Methoden zur Bestimmung von Energie- und Verbrauchsdaten

Methods of Consumption Data Acquisition

Im industriellen Fertigungsumfeld ist eine Bestimmung von Verbrauchsdaten bisher nicht flächendeckend möglich. Oftmals bestehen bereits Zähler für elektrische Energie und Druckluft für einzelne Fertigungsbereiche, jedoch nur selten für Anlagen oder Einzelmaschinen. Verbrauchsdaten für Kühlschmierstoffe, technische Wärme und Kälte sind nur mit Hilfe von Abschätzungen oder großem Aufwand erbringbar. Pilot- und Erprobungsbereiche sind bei großen Unternehmen oftmals eingerichtet und werden Schritt für Schritt ausgeweitet, um genauere Verbrauchsdaten zu erhalten. Für elektrische Energie ist die Erfassung und Zuordnung meist auf einem genaueren Niveau angelangt als bei anderen Verbrauchsmitteln [KLOC14b]. In allen anderen Fällen müssen Alternativen verwendet werden, die eine Verbrauchsbestimmung ermöglichen. Hierfür haben sich verschiedene Verfahren etabliert. Es ist grundsätzlich zwischen realen Messungen mit unterschiedlichen Ansätzen und der Prognose bzw. Berechnung zu unterscheiden. Gerade für die Technologie-, Prozess- und Arbeitsplanung sind zahlreiche Ansätze veröffentlicht worden, um Energieverbräuche zu modellieren, berechnen und zu simulieren [SCHL13; KUHR11; SCHR14; HERM14; THIE11; KARA11; GUTO06]. Diese Ansätze weisen unterschiedliche Detaillierungsgrade auf. In Abbildung 5.5 sind einige Mess- und Prognoseverfahren mit nach ihrem Detaillierungsgrad geordnet exemplarisch dargestellt.

Unter der Methode der Prognose mit Ziel des Prozessverbrauchs sind überschlägige Ansätze wie der etwa von GUTOWSKI zu verstehen [GUTO06]. Hier werden für unterschiedliche Fertigungsverfahren Bandbreiten von Energieverbräuchen und Prozessvolumina pro Zeit bereitgestellt. Sie weisen den geringsten Aufwand, aber auch den höchsten Abstraktionsgrad und die geringste Genauigkeit auf.

Das andere Extrem der Prognoseverfahren, die komponentenbasierte Simulation, beinhaltet eine umfangreiche Modellierung und Berechnung von Maschinenkomponenten, Arbeitsinhalten, Betriebspunkten sowie Prozesszeiten und -leistungen. Diese Ansätze sind beliebig zu untergliedern und werden meist genutzt, um Werkzeugmaschinen zu modellieren [KUHR11; SCHR14]. Hierfür ist allerdings auch der größte Initialaufwand notwendig, um die notwendigen Simulationsbausteine zu erzeugen und zu validieren.

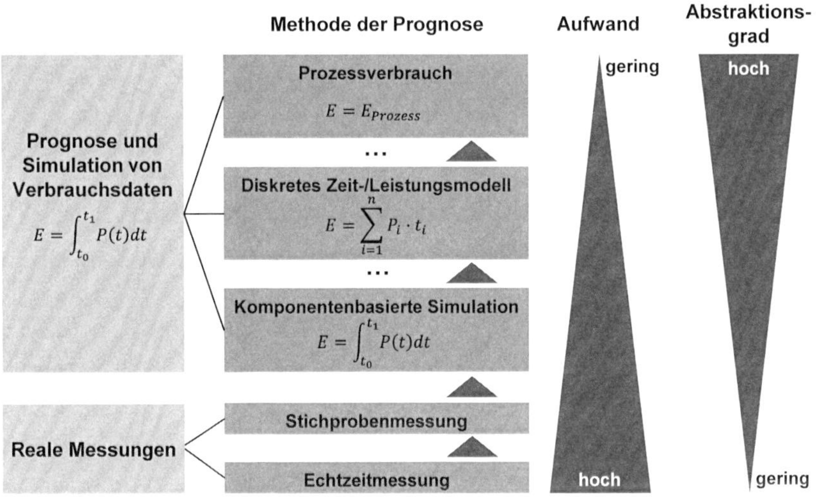

Abbildung 5.5: Übersicht über Prognoseverfahren und ihren Aufwand bzw. Abstraktionsgrad

Overview over prognosis methods and their required effort and abstraction level

Darüber hinaus sind so genannte diskrete Zeit- und Leistungsmodelle aufgebaut worden. Diese Modelle bilden nicht jede einzelne Komponente mit Wirkungsgradverläufen und entsprechenden Leistungen ab, sondern unterstellen konstante Leistungsanteile für Sammlungen von Maschinenkomponenten und bilden weiterführend dynamische Leistungsanteile auf Basis von empirischen Prozesserkenntnissen ab [SCHL13]. Diese Ansätze sind vom Aufwand und Abstraktionsgrad im mittleren Bereich einzuordnen. Grundsätzlich können hochgenaue Daten und Simulationen verwendet werden, um höher abstrahierte Modelle mit Eingangsdaten zu versorgen. Unter realen Messverfahren sind Echtzeit- und Stichprobenmessungen zu verstehen. Hier werden keine Simulationen oder Berechnungen genutzt, sondern nur reale Messdaten verwertet. Es wird für den aktuellen Fall zwischen der Echtzeitmessung, deren Daten direkt weiterverarbeitet und zu Kennzahlen aggregiert werden, und der Stichprobenmessung unterschieden. Stichprobenmessungen dienen dazu, Prognoseansätze mit Daten zu versorgen oder Soll-Ist-Abgleiche durchzuführen. Die Eigenschaften dieser Verfahren zur Bestimmung von Energie- und Materialverbräuchen finden sich in Tabelle 5.1. Die Bewertung der jeweiligen Eigenschaften basiert auf Expertenabschätzungen. In der Tabelle sind zusätzlich zu den vorherigen Kriterien Genauigkeit und Abstraktionsgrad der zeitliche Aufwand, die Kosten sowie notwendige Vorkenntnisse bewertet. Besonders aus den notwendigen Vorkenntnissen sowie den Kosten lässt sich abschätzen, für welchen Zeitpunkt und welches Analyseziel welches Verfahren sinnvoll ausgewählt werden kann.

Tabelle 5.1: Eigenschaften der Verfahren zur Bestimmung von Energie- und Materialverbrauchsdaten

Properties of methods to determine energy and material consumptions

	Prozess-energie	**Zeit- / Leistungs-modelle**	**Simulation**	**Stich-probe**	**Live**
Berechnungs-ansatz	$E = E_{Prozess}$	$E = \sum_{i=1}^{n} P_i \cdot t_i$	$E = \int_{t_0}^{t_1} P(t)dt$		
Typ	Prognose	Prognose	Prognose	Messung	Messung
Genauigkeit	◔	◑	◕	◕	●
Abstraktionsgrad	●	◑	◔	◔	○
Aufwand	◔	◑	◕	◕	●
Kosten	○	◔	●	◕	●
Notwendige Vorkenntnisse	○	◕	●	◑	◔

In Abbildung 5.6 sind alle Verfahren im Verhältnis zum Zeitpunkt ihrer Verfügbarkeit und empfohlenen Nutzungszeit im Produktentwicklungs- und Produktionsprozess dargestellt.

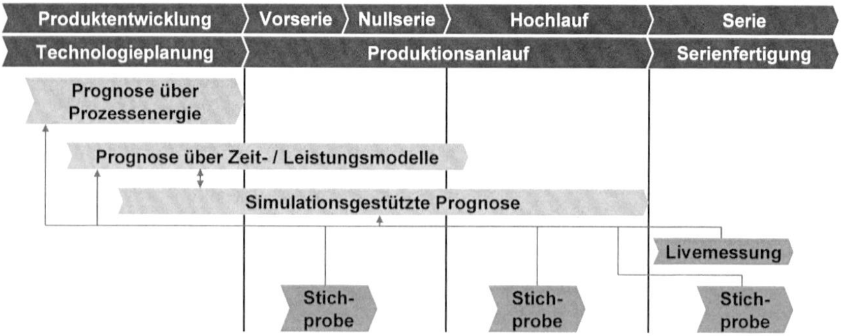

Abbildung 5.6: Zeitpunkte der Verfügbarkeit von Verfahren der Verbrauchsbestimmung

Point of temporal availability of methods for determining consumption data

Je früher eine Prognose stattfinden soll, desto abstrakter sind die zu verwendenden Verfahren, da nur wenig Informationen zu Verfügung stehen. Je nach Anforderung an die Qualität der Verbrauchsdatenbestimmung ist zu entscheiden, wie viel Aufwand und dementsprechend Kosten aufgewendet werden sollen. Um auch während des Produktionsanlaufs oder sogar noch in der Serienfertigung alternative Technologien zu vergleichen, eignen sich hochgenaue Ansätze, um vergleichbare Informationsniveaus sicherzustellen.

Vor allem die Standby- und nicht produktiven Zeiten müssen in das Bewertungsmodell einfließen, da hier ein nicht zu vernachlässigender Teil der Verbräuche innerhalb der industriellen Fertigung anfallen. In Abbildung 5.7 ist die elektrische Leistungsaufnahme aller 14 deutschen Produktionsstandorte der Volkswagen AG aus dem Jahr 2012 dargestellt. Diese Standorte enthalten ebenfalls Porsche und Audi Standorte [KLOC14b].

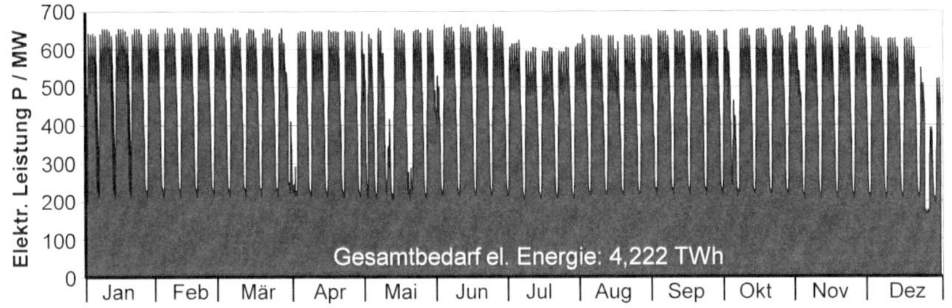

Abbildung 5.7: Elektrische Leistungsaufnahme aller Volkswagen AG Produktionsstandorte in Deutschland im Jahr 2012 [KLOC14b]

Electrical power consumption of all Volkswagen AG production locations in Germany in 2012 [KLOC14b]

Der Abfall der Leistungsaufnahme jeweils am Wochenende sowie in Ferienzeiten sowie zum Jahreswechsel erklärt sich mit der geringen Produktionsmenge in diesen Zeiten. Darüber hinaus ist an jedem Wochenende ein Abfall der Leistungsaufnahme auf etwa 30 % der maximalen Leistungsaufnahme erkennbar. Dies bedeutet, dass auch produktionsfreie Zeiten aufgrund von nicht ausgeschalteten oder nicht ausschaltbaren Anlagen einen erheblichen Anteil des gesamten Energiebedarfs verursachen. Aus diesem Grunde werden Standby- und nicht produktive Zeiten und deren jeweilige Leistungsniveaus als Minimalanforderung an die Energie- und Verbrauchsdatenermittlung verankert. Genauer ist eine umfangreiche Simulation der gesamten Prozesskette.

Für diese Arbeit werden in Bezug auf die Genauigkeit mindestens Verfahren der Prognose auf Basis von Zeit- und Leistungsmodellen gefordert, um den zeitlichen und finanziellen Aufwand möglichst gering zu halten, aber ausreichend genaue Verbrauchsdaten zu erhalten. Bei laufender Produktion sind Livemessungen oder Stichprobenmessungen zu empfehlen. Diese können bei entsprechendem Fachpersonal mit geringem Aufwand durchgeführt werden. Da das Bewertungsmodell in allen oben gezeigten Phasen anwendbar sein soll, sind alle Verfahren verwendbar so lange die entsprechenden Schnittstellen der Verbrauchsdaten zu den Verbrauchsmodulen vorliegen, vgl. Kapitel 5.4.2.

Darüber hinaus stellen HERMANN ET AL. das so genannte Energieportfolio vor, das in Abhängigkeit von der Laufzeit einer Anlage bzw. von einem Prozess und der Anschlussleistung der Anlage eine Empfehlung ermöglicht, ob eine Detailmessung notwendig ist oder nicht [HERR13, S. 15]. Ziel ist es, Energieeinsparpotenziale zu identifizieren. Die Methodik zeigt weiterhin auf, welche Anlagen zu hohen Verbräuchen führen und entsprechend auch für eine Energie- und Materialverbrauchsbestimmung eine hohe Bedeutung haben. In Abbildung 5.8 ist das entsprechende Energieportfolio nach HERMANN ET AL. dargestellt.

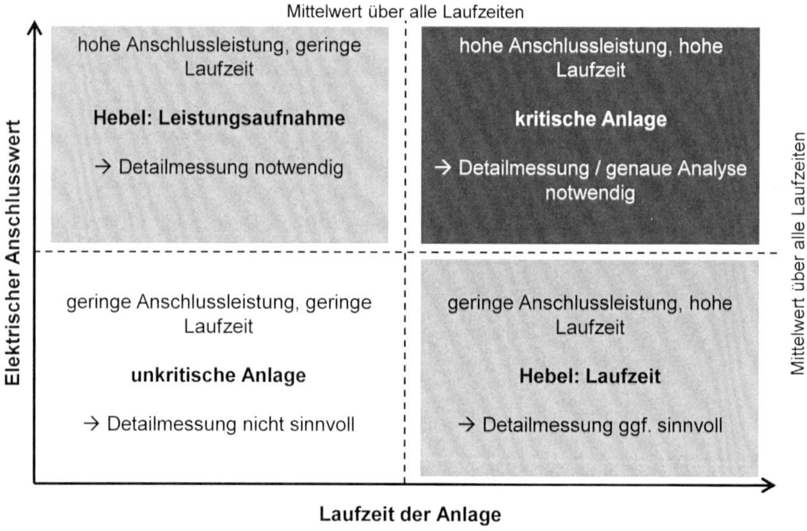

Abbildung 5.8: Energieportfolio zur Auswahl des Messaufwands unterschiedlicher Anlagen in Anlehnung an HERRMANN [HERR13, S. 15]

Energy portfolio for determining the necessary measurement efforts of different machines according to HERRMANN [HERR13, S. 15]

Alle in dem zu untersuchenden Fertigungsbereich vorzufindenden Anlagen werden nach elektrischem Anschlusswert und Laufzeit der Anlage in diesem Portfolio verortet. Als Grenzen der vier aufgezeigten Bereiche gelten die mittleren Ausprägungen Anschlusswert und Laufzeit. Anlagen und Maschinen mit geringem Anschlusswert sowie geringer Laufzeit sind als unkritisch einzustufen, da sie keinen großen Einfluss auf den gesamten Energieverbrauch ausüben. Anlagen mit großer Laufzeit und hohem Anschlusswert, die als kritische Anlagen bezeichnet werden, müssen im Detail vermessen und analysiert werden, um eine ausreichende Datenbasis zu erzeugen.

In dem Bereich hoher elektrischer Anschlussleistung und geringer Laufzeit ist eine Detailmessung sinnvoll, da Ungenauigkeiten hier zu großen Abweichungen führen können. Bei langen Laufzeiten und geringen Anschlussleistungen kann keine eindeutige Vorschrift festgelegt werden, aber es herrschen große Potenziale, wenn Laufzeiten verringert werden können [HERR13, S. 14 f.]. Dieser Methodik kann analog für die Auswahl der Verbrauchsbestimmungsmethode gefolgt werden.

5.3.3 Qualitätskriterien der Energie- und Verbrauchsdaten

Quality criteria of energy and material consumption data

Die Qualität von Verbrauchsdaten ist durch zwei wesentliche Einflussfaktoren bedingt, die wiederum von der Art der Bestimmung, also der Prognose oder Messung abhängen. Einerseits sind messtechnische Abweichungen bei der Bestimmung realer Verbräuche, vor allem bei schwer erreichbaren Energie- und Materialflüssen zu beobachten, auf der anderen Seite legt die Wahl von Prognoseverfahren in der Planung die Datenqualität fest. Ursachen und Empfehlungen werden im Folgenden erläutert.

Messtechnische Abweichungen

Zur Beschreibung der Messqualität sind die wesentlichen Grundlagen zur Messtechnik darzustellen. In Abbildung 5.9 sind notwendige Größen bei der Erfassung von Messdaten aufgezeigt.

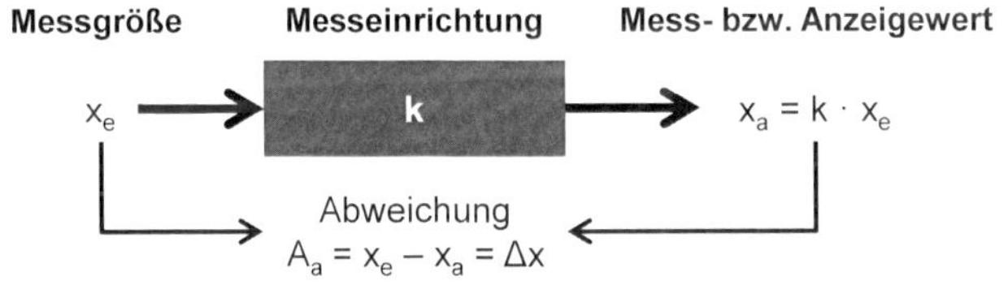

Abbildung 5.9: Messeinrichtung als Übertragungssystem in Anlehnung an PARTHIER UND MILDENBERGER [PART01, S. 34; DIN1319]

Measuring system as transfer system based on PARTHIER AND MILDENBERGER [PART01, S. 34; DIN1319]

Eine Messeinrichtung wird grundsätzlich als ein Übertragungssystem von der Messgröße x_e hin zur gemessenen Größe bzw. dem Messwert x_a verstanden. Hierbei liegt eine Übertragungsfunktion k zu Grunde. Diese kann unterschiedlichste Abweichungen x von der realen Messgröße aufweisen. Es wird zwischen systematischen und zufälligen Abweichungen unterschieden. Systematische Abweichungen sind reproduzierbar und werden durch Unvollkommenheiten in Messgeräten und angewendeten Messverfahren hervorgerufen. Beispiele für Ursachen systematischer Messabweichungen können Temperatureinflüsse, nicht ideal angepasste Messprinzipien sowie beispielsweise auch elastische Verformungen durch Krafteinwirkung taktiler

Messverfahren sein. Zufällige Messabweichungen sind im Gegensatz nicht auszuschließen und können bestenfalls unter Anpassung der Messbedingungen verringert werden. Abweichungen von Messgrößen können relativ zur realen Messgröße angegeben werden [PART01, S. 46]:

$$A_{rel} = \frac{x_a - x_e}{x_e} = \frac{\Delta x}{x_e} \tag{5.5}$$

Diese relative Darstellung setzt allerdings voraus, dass die reale Messgröße vorliegt und bekannt ist. Da diese Voraussetzung aus praxisrelevanten Gründen selten erfüllt ist, wird unter der Annahme, dass die absolute Abweichung A_a im Verhältnis zur gemessenen Größe sehr gering ist, die relative Abweichung oftmals auf die gemessene Größe bezogen [PART01, S. 46]:

$$A_{rel} = \frac{x_a - x_e}{x_a} = \frac{\Delta x}{x_a} \quad \text{mit } A_a \ll x_a \tag{5.6}$$

Bei *Echtzeitmessungen* ist auf den relativen Messfehler besonders zu achten und er ist möglichst gering zu halten. Im Idealfall sind alle verbauten Sensoren mit einheitlichen Fehlerniveaus ausgestattet, um die entsprechend erzeugten Daten vergleichbar zu halten und keine messbedingten Fehler in die Bewertung der Ressourceneffizienz einfließen zu lassen.

Bei der tatsächlichen messtechnischen Erfassung von Energie- und Materialverbrauchsdaten sind verschiedene Qualitätsniveaus zu erwarten. Messfehler können beispielsweise durch ungeeignete Messgeräte oder einen ungünstigen Messzeitpunkt bzw. -raum hervorgerufen werden.

Ungeeignete Messgeräte sind eine häufige Fehlerquelle [RICH14]. Vor allem bei Medien wie etwa Kühlschmierstoffen oder Druckluft existiert eine große Bandbreite an Sensorik, die für unterschiedliche Fälle vorgesehen sind. Beispielsweise ist bei der Messung von Kühlschmierstoffdurchflussraten besonders darauf zu achten, welches Medium verwendet wird. Durchflusssensoren sind oftmals auf bestimmte Viskositäten kalibriert, dementsprechend ist es notwendig zu beachten, ob niedrig viskose Medien, also beispielsweise Emulsionen oder höher viskose, also ölbasierte Kühlschmierstoffe eingesetzt werden. Auch unpassend dimensionierte Messgeräten steigern die Bandbreiten von Messfehlern oder die zu messenden Größen werden nur unzureichend aufgelöst erfasst. So können Sensoren mit großem Messbereich kleine Änderungen und geringe Messgrößen nur unzureichend bestimmen [RICH14]. Ebenfalls haben die zu Grunde liegenden Messprinzipien bei nicht sachgemäßer Verwendung einen wesentlichen Einfluss auf die Messergebnisse. Dem genannten KSS-Beispiel folgend kann für die Durchflussmessung unter anderem auf berührende und berührungsfreie Prinzipien verwiesen werden, wobei auch diese prinzipbedingte Nachteile und Kalibrierungsnotwendigkeiten aufweisen. Bei der Messung von Durchflussmengen flüssiger Medien sind Verrohrungen zum Zweck der Messung bei berührenden Sensoren aufzutrennen und somit der Fluss zu unterbrechen. Die Unterbrechung der Fertigung zur Verbrauchsbestimmung ist mit Kosten verbunden und wird nur selten toleriert. Berührungslose Messverfahren, beispielsweise ultraschallunterstützt, weisen höhere Kalibrierungsaufwände auf und führen unter Umständen zu fehlerhaften Messungen bei unsachgemäßer Bedienung.

Abweichungen von Energie- und Verbrauchsdaten bedingt durch die Bewertungsmethodik

Neben den messtechnisch bedingten Abweichungen sind vor allem mit Unsicherheit behaftete Energie- und Materialverbrauchsdaten ein wesentlicher Hinderungsgrund für die Bewertung der Ressourceneffizienz von Technologieketten. Je früher eine Prognose über Prozessverbräuche durchgeführt wird, desto unsicherer sind die genauen Prozesseinstellparameter und somit auch die dadurch bedingten Verbräuche [REIN13, S. 11 f.; SCHL13, S. 48 ff.]. Wie bereits bei der Vorstellung unterschiedlicher Prognoseverfahren dargestellt, ist in frühen Phasen das Abstraktionsniveau deutlich größer. Zu diesem Zeitpunkt sind allerdings messtechnische Abweichungen vernachlässigbar. Vielmehr sind prinzipbedingte Abweichungen in den Vordergrund zu stellen, also gewinnt die Wahl geeigneter Prognoseverfahren an Bedeutung. Im Sinne der Konsistenz ist die Kombination von hochaufwändigen und genauen Simulationsmethoden auf Basis von Komponentenverbräuchen für elektrische Energie mit überschlägigen Berechnungen der zentralen Verbräuche für Heizung oder Beleuchtung zu vermeiden. Einerseits werden Aufwände und somit Kosten zur aufwändigen Bestimmung vermieden und andererseits wird die Genauigkeit der Verbräuche nicht gewährleistet. Eine hochgenaue Prognose auf Basis von Komponentenverbräuchen und jeweiligen Maschinenzuständen sollte nur bei einer breiten und verlässlichen Datenbasis durchgeführt werden [KUHR11]. Vor dem Hintergrund fortschreitender Integration von Sensorik in Werkzeugmaschinen und Anlagen ist aber davon auszugehen, dass die Aufwände für genauere Prognosen in frühen Phasen der Planung zukünftig sinken und diese Ansätze vermehrt genutzt werden können.

Für eine dauerhafte Etablierung von Bewertungsverfahren der Ressourceneffizienz von Technologieketten ist ein kontinuierlicher Verbesserungsprozess anzustreben. Durch die Kalibrierung von Energie- und Materialverbrauchsprognosen auf Basis real gemessener Verbräuche und durchgeführter Soll-Ist-Abgleiche werden Prognosemodelle verbessert und Abweichungen langfristig verringert. Dies schlägt sich auch in der Bestimmung der Grenzen der Ausprägungen von Bewertungskriterien nieder. Beispielsweise ist bei der erstmaligen Anwendung einer Bewertungsmethodik unter Umständen nicht genau bestimmbar, in welchem Bereich sich Materialverbräuche befinden werden. Mit steigender Anzahl an durchgeführten Bewertungen werden Zielkorridore deutlicher und Grenzen können bereits von Planern gesetzt werden. Dieser Grundsatz ist für die Definition der Best- und Worst-Case-Alternativen sowie der Präferenzfunktionen in Kapitel 6 von Bedeutung.

5.4 Bewertung der Ressourceneffizienz auf Basis von Kennzahlen

Evaluation of the Resource Efficiency based on Key Performance Indicators

Die Spitzenkennzahlen der Bewertungsmethodik und all ihre Unterkennzahlen werden in diesem Kapitel dargestellt. Vor allem die Generierung von Kennzahlen auf Basis untergeordneter Ebenen ist von besonderer Bedeutung, da die Aggregationswege so gut nachvollziehbar sind und Entscheidungen auf der Interpretation aller Kennzahlen erfolgen können. Weiterhin werden die Grundlagen geschaffen, um die mathematische Bestimmung der Rangfolge unterschiedlicher Technologiekettenalternativen im folgenden Kapitel 6 zu entwickeln. Die genaue Bestimmung der Kennzahlen wird in Kapitel 7 anhand einer beispielhaften Durchführung einer industriellen Bewertung verdeutlicht.

5.4.1 Ausgewählte Kennzahlen zur Bewertung der Ressourceneffizienz

Chosen Criteria for Evaluating Resource Efficiency

Die in Abbildung 5.10 dargestellten Kennzahlen sind hierarchisch sortiert und werden in Tabelle 5.2 hinsichtlich der Anforderungen an Kennzahlen bewertet. Nicht alle Kennzahlen müssen stets in der Bewertung der Ressourceneffizienz von Technologieketten verwendet werden, stellen aber für viele Anwendungsfälle sinnvolle Erweiterungen dar. Für konkrete Bewertungsabläufe können die Bewertungskriterien und deren Kennzahlen weiterhin variiert und angepasst werden. Darüber hinaus existieren weitere Kennzahlen, diese sollten aber stets einen Bezug zur Ressourceneffizienz aufweisen, damit gegensätzliche und sich gegenseitig bedingende Kennzahlen miteinander in Beziehung gebracht und bewertet werden. Die Kennzahlen, die für die Kennzahlensystematik ausgewählt werden, entstammen den in Kapitel 4.4 dargestellten Überlegungen und wurden auf Basis der zuvor definierten Anforderungen an Kennzahlen und Kennzahlensysteme aufgestellt. Die hierarchische Struktur zeigt sich an der Orientierung nach ökonomischen, ökologischen und organisatorisch-technologischen Indikatoren. Weiterhin ist eine analytische Ursachenforschung möglich, indem die zur Erzeugung der Indikatoren genutzten Energie- und Materialverbrauchsdaten weiter dargestellt und den Indikatoren zugeordnet werden. Während ökonomische Ziele meist Kostenreduktionen verfolgen, ist für die Ressourceneffizienzbetrachtungen eine Unterteilung in die Reduktion der Ressourcennutzung, des Umwelteinflusses sowie der Klimaerwärmung gewählt worden. Hierbei beziehen sich die Indikatoren Materialkosten, Fertigungskosten, KEA, Eutrophierungspotenzial, CO_2-Emissionen, Rüstzeit, Ausschussrate, Durchlauf- und Taktzeit anteilig auf die Herstellung eines Bauteils, das als funktionale Einheit verstanden wird. Es wird grundsätzlich zwischen Kennzahlen unterschieden, deren Ausprägungen aus den Prozessverbräuchen bestimmt werden können, und solchen, die mittels anderer Verfahren berechnet und bestimmt werden müssen, wie aus Abbildung 5.10 ersichtlich.

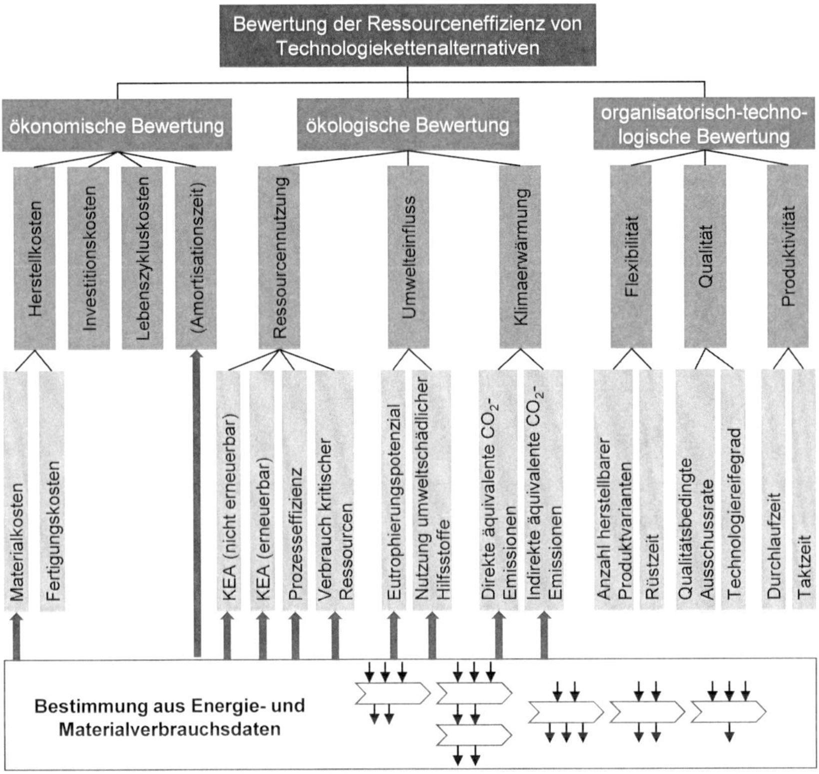

Abbildung 5.10: Kennzahlensystem zur Bewertung der Ressourceneffizienz von Technologiekettenalternativen

Indicator system for the evaluation of resource efficiency of technology chain alternatives

Die Fertigungskosten können hierbei nur teilweise aus den Verbräuchen bestimmt werden, da zusätzlich zu den Energie- und Hilfsstoffkosten Maschinen- und Personalstundensätze einzubeziehen sind. Diese Kosten sind gesondert zu bestimmen und werden in die Bewertung einbezogen. Vor allem im Bereich technologischer Kennzahlen ist die direkte Bestimmung der Ausprägungen aus Verbrauchsdaten nicht möglich. Diese Kennzahlen sind allerdings in fertigenden Unternehmen bekannt und werden vor dem Hintergrund der Produktionsplanung und dem Produktionsmanagement erzeugt. Im Folgenden werden alle Kennzahlenkategorien und die entsprechenden Unterkennzahlen vorgestellt. Eine eigene Abschätzung über die Erfüllung der Anforderungen an die Kennzahlen aus Kapitel 5.1.2 nach Völker und Gleich [VÖLK12, S. 97; GLEI01, S. 244 f.] ist in Tabelle 5.2 gelistet.

Tabelle 5.2: Übersicht über Kennzahlen und die notwendigen Anforderungen
Overview of indicators and necessary requirements

Kennzahlen	**Wirtschaftlichkeit**	**Aktualität**	**Fehlerfreiheit**	**Sensitivität**	**Zielorientierung**	**Verständlichkeit**	**Validität**	**Messbarkeit**
Materialkosten	●	●	●	●	●	●	●	●
Fertigungskosten	●	●	◕	●	●	●	●	●
Investitionskosten	●	●	◑	●	●	●	●	●
Lebenszykluskosten	●	◑	◑	●	●	●	●	●
Amortisationszeit	●	◑	◕	●	◑	●	◑	●
KEA (NE)	◑	◑	◕	●	◑	◕	◑	◕
KEA (E)	◑	◑	◕	●	◑	◕	◑	◕
Prozesseffizienz	◕	◕	◑	●	●	●	●	◕
Verbrauch kritischer Ressourcen	◑	◑	◕	●	◑	◑	◑	◕
Eutrophierungspotenzial	◑	◑	◑	◑	◑	◑	◑	◑
Nutzung umweltschädlicher Hilfsstoffe	◑	◑	◑	●	◑	◑	◑	◑
Direkte CO_2 Emissionen	◑	◑	◕	●	◕	◕	◑	●
Indirekte CO_2 Emissionen	◑	◑	◕	●	◕	◕	◑	●
Produktvarianten	●	●	●	◕	◑	◕	◕	●
Ausschussrate	●	●	◕	●	●	●	●	●
Tech.-reifegrad	◑	●	◕	◕	◑	◕	◕	◕
Durchlaufzeit	●	●	●	●	●	●	●	●
Taktzeit	●	●	●	●	●	●	●	●

Ökonomische Kennzahlen

Die ökonomischen Kennzahlen *Herstellungs-, Investitions- und Lebenszykluskosten* in € sowie *Amortisationszeit* in Jahren erfüllen die in der Tabelle gelisteten Anforderungen. Hierbei werden die Herstellkosten unterteilt in Material- und Fertigungskosten, wobei innerhalb der Fertigungskosten vor allem Stundensätze von Maschinen und Personal einfließen. Diese Kennzahlen gehen über einen Indikatorcharakter hinaus und haben einen direkten Zusammenhang zu dem Ziel der ökonomischen Vorteilhaftigkeit und der Kosteneinsparung. Die Amortisationszeit wird ausschließlich beim Vergleich mehrerer Ressourceneffizienzmaßnahmen, nicht jedoch bei der Anschaffung kompletter Anlagen verwendet.

Ökologische Kennzahlen

Für die Unterteilung der ökologischen Kennzahlen werden drei Kategorien verwendet: *Ressourcennutzung, Umwelteinfluss* und *Klimaerwärmung*.

Im Bereich der *Ressourcennutzung* werden die Indikatoren KEA (erneuerbar und nicht erneuerbar) in MJ, der Verbrauch kritischer Ressourcen in kg sowie die Prozesseffizienz in % verwendet. Während der KEA ein direkter Indikator für den gesamten Materialeinsatz ist, ist der Verbrauch kritischer Ressourcen ein spezifischer Zahlenwert, der vom Entscheider eigenständig festgelegt wird. Dieser Verbrauch kann sich an definierten Stoffen wie seltenen Erden orientieren. In konkreten Fällen sollte diese Kategorie weiter unterteilt werden in die durch die Unternehmensleitung als kritisch definierten Materialien. Die Prozesseffizienz ist ebenfalls ein direktes Maß für den Ressourceneinsatz der bereits gewählten Fertigungsverfahren. Als Kennzahlen für den *Umwelteinfluss* werden das Eutrophierungspotenzial in kg Phosphat-Äquivalent sowie die Nutzung umweltschädlicher Hilfsstoffe in kg definiert. Während das Eutrophierungspotenzial ein Indikator für biologische Auswirkungen ist, wird die Kennzahl der Nutzung umweltschädlicher Hilfsstoffe ähnlich verwendet wie der Verbrauch kritischer Ressourcen. Beispielsweise können schädliche Stoffe mit großem Reinigungs- oder Pflegeaufwand als Unterkriterien definiert und deren Einsatzmengen so in das Bewertungsmodell integriert werden.

Als Maß für die *Klimaerwärmung* werden direkte und indirekte CO_2-Emissionen in kg CO_2-Äquivalent verwendet. Diese sind verlässlich bestimmbar und haben sich in vielen Bereichen der Bewertung von Ressourceneffizienzmaßnahmen etabliert.

Die genannten Faktoren im Bereich ökologischer Kennzahlen sind nicht zwingend wirtschaftlich motiviert, sondern erfüllen maßgeblich die weiteren Anforderungen wie vor allem die Zielerreichung, die wiederum mit den Unternehmenszielen verknüpft ist. Weiterhin ist die Messbarkeit im Sinne einer Ökobilanzierung gegeben und industriell wie auch wissenschaftlich anerkannt, was sich an der Berichterstattung von Konzernen und der Verwendung in wissenschaftlichen Arbeiten zeigt [BMW15; DAIM15; ROBE14; SCHL13; REIN13; HERR10].

Organisatorisch-technologische Kennzahlen

Die Bewertungskriterien *Flexibilität, Qualität* und *Produktivität* vereinen Kriterien, die nicht bereits durch ökonomische und ökologische Faktoren abgedeckt sind. Vor allem „Soft-Facts", die durch die Verwendung des AHP einbezogen werden können, sind in diesen Kategorien verankert. So sind die Anzahl herstellbarer Produktvarianten auf einer Fertigungslinie sowie die Rüstzeit in s als Flexibilitätsfaktoren zu nennen. Darüber hinaus sind Ausschussraten durch mangelhafte Qualität in % oder der Technologiereifegrad (TRL) als Indikatoren für die Qualität einer Technologiekette als wichtige Beschreibungskriterien einer Technologiekette zu bewerten. Hierbei ist vor allem der Beherrschungsgrad von Technologien innerhalb des Unternehmens entscheidend. Die Durchlauf- und Taktzeiten in s sind besonders für die Produktivität repräsentativ. Diese Kennzahlen können für eine Technologiekette auf Basis von Erfahrungswissen und der ohnehin notwendigen organisatorischen Planung bestimmt werden und stellen eine wichtige Erweiterung der Bewertungskriterien dar.

5.4.2 Festlegung des Modulbaukastens für das Bewertungsmodell

Determination of the Modular Evaluation Model

In diesem Kapitel werden die Module des Bewertungsmodells und ihre Schnittstellen vorgestellt. Wie zuvor in den Hierarchieebenen des Bewertungsmodells beschrieben, wird für jede Verbrauchsart ein Modul definiert. Diese Module stellen die Verknüpfung zwischen den Prozessen und der Bewertung dar. Es muss also für die Module definiert werden, welche Ein- und Ausgangsgrößen von Bedeutung sind. Zur Bewertung von Technologieketten muss für jeden Prozess jeder Verbrauch erfasst und ins Verhältnis zu den Bewertungskriterien gesetzt werden. Darüber hinaus werden auch Prozesseigenschaften erfasst, die nicht direkt vom Energie- und Materialverbrauch abhängen. Abbildung 5.11 verdeutlicht, dass reale Energie- und Materialverbrauchsdaten als auch nicht verbrauchsbedingte Informationen in die Prozess- und Verbrauchsmodule als Eingangsgrößen fließen. Die Module sind nach Bedarf erweiterbar, so dass keine Einschränkungen hinsichtlich Verbrauchsarten oder Bewertungskriterien vorliegen.

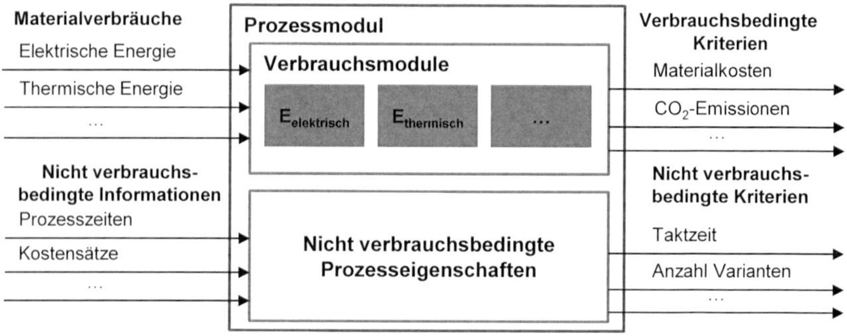

Abbildung 5.11: Zusammenhang zwischen Ein- und Ausgangsgrößen von Prozess- sowie Verbrauchsmodulen und Bewertungskriterien

Connection between inputs as well as outputs of the process and consumption modules with evaluation criteria

Die gezeigten Module rechnen die verbrauchsbedingten Eingangsgrößen mittels mathematischer Zusammenhänge in die ausgewählten Bewertungskriterien um. Für Prozessinformationen, die nicht zur Modellierung oder Berechnung verwendet werden, werden je nach Kriterienauswahl entsprechende Informationen direkt weitergegeben, beispielsweise die Taktzeit, die aus den Prozesszeiten bestimmt wird. Jedes Prozessmodul verwendet ausschließlich die zur Herstellung der funktionellen Einheit notwendigen Eingangsdaten. Es müssen also Verbräuche beispielsweise pro hergestelltem Bauteil oder einer bestimmten Menge berechnet und als Eingangsgröße bereitgestellt werden. Dabei können beliebig viele Prozessmodule existieren, die unterschiedliche Verbrauchsarten pro Prozess abbilden können. Für häufige und bekannte Prozesse werden in der softwaretechnischen Umsetzung bereits Verbrauchsmodule vorausgewählt sein, so dass der Nutzer bestmöglich unterstützt wird, aber jederzeit eigene Module hinzufügen kann.

Wie in Kapitel 4.2 dargelegt, sind die wesentlichen Verbrauchsarten in der Fertigungstechnik elektrische Energie (EE), Druckluft (DL), technische Wärme (TW), Kälteenergie in Form von Kühlwasser (KE) sowie Kühlschmierstoffe bzw. zentral bereitgestellte Öle (KSS). Darüber hinaus existieren weitere Medien wie beispielsweise elektrische Energie für Beleuchtung, Gase für Heizungsanlagen und selten verwendete Materialien und Stoffe, die in der Bewertungsmethodik beliebig ergänzt werden können, um alle Beeinflussungsfaktoren zu bewerten. Im Folgenden werden die genannten Verbrauchsarten exemplarisch verwendet, wobei sie beliebig erweiterbar sind. Es wird für jede zu bewertende Technologiekette eine Ressourcenverbrauchsmatrix wie folgt definiert:

$$R = \begin{pmatrix} S_{1,EE} & S_{1,DL} & S_{1,TW} & S_{1,KE} & S_{1,KSS} & \cdots & S_{1,n_{Medien}} \\ S_{2,EE} & S_{2,DL} & S_{2,TW} & S_{2,KE} & S_{2,KSS} & \cdots & S_{2,n_{Medien}} \\ \vdots & \vdots & \vdots & \vdots & \vdots & \vdots & \vdots \\ S_{n_{Prozesse},EE} & \cdots & \cdots & \cdots & \cdots & \cdots & S_{n_{Prozesse},n_{Medien}} \end{pmatrix} \quad (5.7)$$

$S_{i,j}$:	Verbrauch von Stoff i im Prozess j pro Bauteil	
n_{Medien}:	Anzahl der gesamten Verbrauchmedien	[-]
$n_{Prozesse}$:	Anzahl der Prozesse in der Prozesskette	[-]

Mit Hilfe dieser Matrix werden Technologieketten aus Sicht der Energie- und Materialverbräuche beschrieben. Sie dient dementsprechend der weiteren Berechnung, kann aber auch nach erfolgter Gesamtbewertung der Technologieketten verwendet werden, um eine Ursachenanalyse durchzuführen. Die Berechnung der Kriterienausprägungen auf Basis der Verbrauchsdaten ist Bestandteil des folgenden Kapitels.

5.4.3 Berechnung der Kriterienausprägungen

Calculation of Criteria Values

Die Berechnung der Ausprägungen von ökologischen Wirkungskategorien, von denen mindestens die Verwendung des Treibhausgaspotenzials und des Primärenergiebedarfs in Form des kumulierten Energieaufwandes für die Bewertung vorgegeben ist, wird auf Basis der gemessenen Verbrauchsdaten durchgeführt. Diese Berechnung findet innerhalb der beschriebenen Verbrauchsmodule statt. Hierzu ist es für die ökologischen Faktoren notwendig, mit Hilfe einer Ökobilanzierung die entsprechende Wirkung der eingesetzten Stoffe auf die Ausprägungen der Bewertungskategorien zu bestimmen. Diese Daten sind in Datenbanken wie etwa GaBi (Ganzheitliche Bilanzierung), Ecoinvent oder Probas verfügbar [GABI14; ECOI15; BMUB15]. Es ist, vor allem bei unterschiedlichen Datenquellen, darauf zu achten, dass die Daten in der Art und Weise, wie sie bestimmt wurden, miteinander vergleichbar sind. So sind für komplette Fertigungsprozesse pauschal errechnete Daten verfügbar, die allerdings das Komplexitätsniveau dieser Prozesse nicht erfassen und demnach nicht vergleichbar sind mit im Detail aufgenommenen Prozessdaten. Es ist notwendig, die Datenherkunft einzuschätzen und zu bewerten.

Da nicht nur ökologische Wirkungskategorien als Bewertungskriterien aus den Energie- und Verbrauchsdaten bestimmt werden können, sondern vor allem auch Kosten und weitere gewählte Bewertungskriterien, ist eine allgemeine Umrechnung zu erläutern. Die Bewertungskriterienmatrix W ergibt sich aus der Multiplikation der Ressourcenverbrauchsmatrix R mit der Verbrauchsfaktorenmatrix V:

$$W = R \cdot V = \begin{pmatrix} s_{1,EE} & s_{1,DL} & \cdots & s_{1,n_{Medien}} \\ \vdots & \vdots & \vdots & \vdots \\ s_{n_{Prozesse},EE} & \cdots & \cdots & s_{n_{Prozesse},n_{Medien}} \end{pmatrix} \cdot \begin{pmatrix} a_{EE,1} & a_{EE,2} & \cdots & a_{EE,n_{Kriterien,direkt}} \\ a_{DL,1} & a_{DL,3} & \cdots & a_{DL,n_{Kriterien,direkt}} \\ \vdots & \vdots & \vdots & \vdots \\ a_{n_{Medien},1} & a_{n_{Medien},1} & \cdots & a_{n_{Prozesse},n_{Kriterien,direkt}} \end{pmatrix} \quad (5.8)$$

mit $\{R = (s_{i,k}) \in R^{n_{Prozesse} \times n_{Medien}}\}$,
$\{V = (a_{j,k}) \in R^{n_{Medien} \times n_{Kriterien,direkt}}\}$ und
$\{W = (w_{i,k}) \in R^{n_{Prozesse} \times n_{Kriterien,direkt}}\}$

W:	Bewertungskriterienmatrix	
V:	Verbrauchsfaktorenmatrix	
R:	Ressourcenverbrauchsmatrix	
$a_{j,k}$:	Umrechnungsfaktor des Kriteriums k für die Verbrauchsart j	[-]
$n_{Kriterien,direkt}$:	Anzahl der direkt aus Verbräuchen bestimmbaren Kriterien	
i:	Prozess i	
j:	Medium j (EE, DL, etc.)	
k:	Kriterium k (Primärenergie, Kosten, etc.)	

Dies ist äquivalent zu folgender Rechenvorschrift für die Einträge $w_{i,j}$ der Prozessbewertungsmatrix W:

$$w_{i,k} = \sum_{l=1}^{n_{Medien}} S_{i,j} \cdot a_{j,k} \tag{5.9}$$

Die Umrechnungsfaktoren $a_{j,k}$ beinhalten die aus Datenbanken entnommenen Umrechnungen. Beispielsweise werden die äquivalenten CO_2-Emissionen zur Erzeugung einer Kilowattstunde elektrischer Energie mit dem Umrechnungsfaktor $a_{EE,CO2}$ = 396 g/kWh hinterlegt. Dieser Zahlenwert ist aus der Probas Datenbank für den deutschen Strommix von 2015 entnommen (El-KW-Park-DE-2015). Diese Datenbank stellt aus unterschiedlichen Projektquellen entsprechende Ökobilanzdaten zu Verfügung und stellt deren einheitliche Berichterstattung sicher [BMUB15]. Die aus den Umrechnungsfaktoren bestehende Matrix muss für alle Kombinationen aus Bewertungskriterium und Verbrauchsart definiert sein.

In jeder Zeile der Bewertungskriterienmatrix finden sich alle Bewertungskriterien spaltenweise gelistet, die aus den Prozessverbräuchen über die Umrechnungsfaktoren berechnet wurden. Durch Summation einer Spalte wird ein Vektor mit den Ausprägungen eines Bewertungskriteriums einer Fertigungskettenalternative generiert. Dieser Vektor $\vec{\sigma}$ besteht für eine Technologiekette aus den Ausprägungen σ_k:

$$\vec{\sigma} = (\sigma_k) \in R^{n_{Kriterien,ges} x 1} \tag{5.10}$$

$$\sigma_k = \sum_{i=1}^{n_{Prozesse}} w_{i,k}\,, \forall k = 1 \ldots n_{Kriterien,ges} \tag{5.11}$$

$$n_{Kriterien} = n_{Kriterien,direkt} + n_{Kriterien,indirekt} \quad [-] \tag{5.12}$$

σ_k : Ausprägung des Kriteriums k

$n_{Kriterien,indirekt}$: Anzahl der zusätzlich bestimmbaren Kriterien

Über die direkt mittels Energie- und Materialverbrauchsdaten zu berechnenden Faktoren hinaus sind auch prozesskettenbezogene Faktoren in der Bewertungsmethodik verankert. Die Anzahl der gesamten Kriterien $n_{Kriterien,ges}$ entspricht der Summe aus der Anzahl an direkt aus den Energie- und Materialverbräuchen bestimmbaren Kriterien $n_{Kriterien,direkt}$ und der Anzahl der zusätzlichen Kriterien $n_{Kriterien,indirekt}$. Direkt berechenbare Größen sind beispielsweise die Kosten und CO_2-Emissionen, da den Verbrauchsgrößen elektrische Energie, Erdgas, etc. eindeutige Kosten und Emissionen auf Prozessniveau zuzuordnen sind. Für die Gesamtkosten der Nutzung einer Technologiekette müssen nicht nur diese direkt bestimmbaren Daten verwendet werden, sondern auch Maschinenkosten oder Lohnkosten sind zu bestimmen. Diese zusätzliche Kostenberechnung sowie technologisch-organisatorische oder weitere ökonomische Faktoren müssen ebenfalls in den Ausprägungsvektor integriert werden. Die Vorgehensweise wird in Kapitel 6 näher erläutert.

5.5 Zwischenfazit

Interim Conclusion

Im vorliegenden Kapitel wurden dezidiert Anforderungen an das Entscheidungsmodell, die Bewertungsmethodik sowie die Methoden zur Erzeugung von Energie- und Materialverbrauchsdaten beschrieben. Auf Basis der Anforderungen an das Entscheidungsmodell wurden Kennzahlen und deren Hierarchie definiert. Hierfür sind vor allem die Schnittstellen zwischen den vorgestellten Verbrauchsmodulen von Prozessen hin zur Technologiekette definiert worden. Die Verbrauchsmodule wurden auf den drei Hierarchieebenen *Technologieketten-, Prozess- und Verbrauchsebene* eingeordnet. Mittels mathematischer Zusammenhänge und den entsprechenden Verfahren zur Bestimmung der Verbrauchsmengen wurde die Bestimmung der Ausprägungen von Bewertungskriterien definiert. Von Verfahren, deren Aufwand und erforderliche Erfahrung des Benutzers gering einzustufen sind, bis hin zu aufwändigen Simulationsansätzen wurden Methoden bestimmt, die die Ermittlung der Verbrauchsdaten erlauben. Die Verfahren zur Bestimmung der Verbrauchsmengen wurden eindeutig beschrieben und konkrete Empfehlungen zur Anwendung unterschiedlicher Verfahren zu variierenden Zeitpunkten der Technologiekettenplanung sowie Detaillierungsgraden gegeben. Ebenfalls wurde die Kombination unterschiedlicher Bestimmungsverfahren diskutiert, da eine ganzheitliche Modellierung aller Prozesse sowie der Zentralanlagen zur Bereitstellung von Hilfsstoffen zum derzeitigen Stand der Erkenntnisse zu aufwändig ist. Die Umrechnung der Verbrauchsdaten von Energie und Materialien in Ausprägungen von Bewertungskriterien stellt die Grundlage für die Bewertung mit Hilfe der multikriteriellen Bewertungsverfahren dar.

Das vorgestellte Kapitel beinhaltet die Beschreibung des modular aufgebauten kennzahlenbasierten Entscheidungsmodells zur Auswahl von Technologieketten, die der Beantwortung der zweiten Forschungsfrage dient.

6 Entwicklung einer kennzahlenbasierten Bewertungsmethodik

Development of a Key Performance Indicator based Evaluation Method

Für ein Entscheidungsmodell zur Auswahl geeigneter Technologieketten zur Fertigung von Produkten ist es notwendig, unterschiedliche Unternehmensperspektiven zu untersuchen. Ökologische, ökonomische und technologische Faktoren lassen sich wie in Kapitel 5 beschrieben für unterschiedliche Fertigungsalternativen bestimmen, eine tatsächliche Entscheidung basiert auf der Verknüpfung der Einzelkennzahlen zu einer Spitzenkennzahl oder durch Bewertung der Einzelkennzahlen mittels geeigneter Methoden. In diesem Kapitel wird ein Modell zur Bewertung der Ressourceneffizienz von Technologieketten beschrieben. Hierfür werden multikriterielle Entscheidungsverfahren notwendig, die auf die spezielle Anwendung angepasst werden. Die Methodik basiert auf den Schritten der Abbildung 6.1. Teil dieses Kapitels sind die *Gewichtung der Kriterien*, die *Ausprägungsbestimmung* sowie die *Bewertung der Alternativen* unter Nutzung der Ansätze TOPSIS oder PROMETHEE, die im Folgenden näher beschrieben werden.

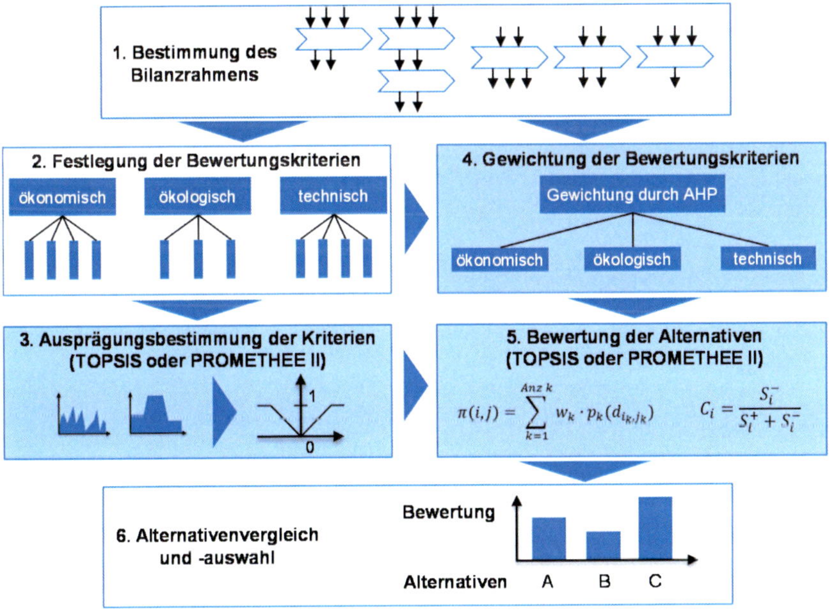

Abbildung 6.1: Vorgehensweise bei der Bewertung der Ressourceneffizienz von Technologiekettenalternativen und in diesem Kapitel adressierte Schritte

Methodology for evaluating resource efficiency of technology chain alternatives with highlighted steps of this chapter

6.1 Anwendung der multikriteriellen Verfahren zur Entscheidungsunterstützung

Application of the Multi Attribute Decision Making Methods for Decision Support

6.1.1 Gewichtung der notwendigen Kriterien

Weighting of necessary Criteria

Die Gewichtung der im vorherigen Kapitel vorgestellten Bewertungskriterien erfolgt dem analytischen Hierarchie-Prozess folgend mittels paarweisem Vergleich auf Basis der neunstufigen Gewichtungsskala und den bereits ausgewählten hierarchisch angeordneten Kriterien. Die notwendigen Ein- und Ausgangsgrößen sind in Abbildung 6.2 gezeigt. Als Eingangsgröße wird der Kennzahlenbaum verwendet, und nach diesem Schritt des Bewertungsmodells sind alle Kriterien innerhalb des Baums sowohl lokal innerhalb einer Bewertungsebene als auch global gewichtet.

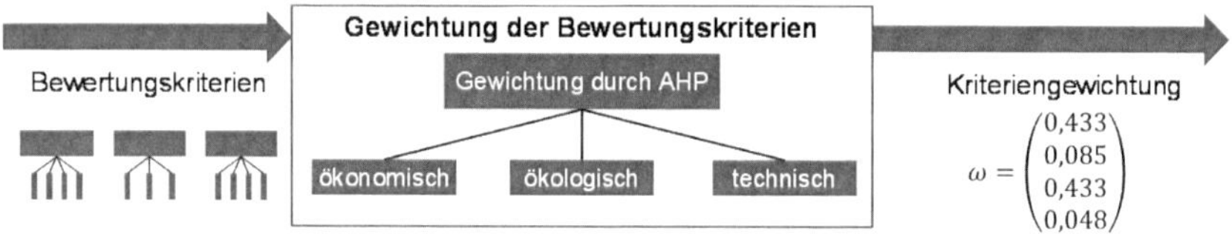

Abbildung 6.2: Eingangs- und Ausgangsgrößen für die Gewichtung der Bewertungskriterien
Input and output factors for evaluation criteria weighting

Hierbei werden in einem iterativen Verfahren alle Kriterien eines übergeordneten Knotens paarweise miteinander nach der Vorgehensweise, die in Kapitel 2.3.1 beschrieben ist, verglichen. Ziel ist die Bestimmung der Gewichtungsmatrix A eines übergeordneten Knotens:

$$A = \begin{pmatrix} 1 & a_{12} & \dots & a_{1n} \\ \frac{1}{a_{12}} & 1 & \dots & a_{2n} \\ \vdots & \vdots & \ddots & \vdots \\ \frac{1}{a_{1n}} & \frac{1}{a_{2n}} & \dots & 1 \end{pmatrix} \quad \text{mit } \{a_{ij} \mid i,j \in N\} \in R^{n\,x\,n} \qquad (6.1)$$

In Abhängigkeit von dem Konsistenzverhältnis C.R. (Consistency Ratio), das unter C.R. ≤ 0,1 liegen sollte, lässt sich direkt ablesen, ob eine erneute Verfeinerung der Gewichtung notwendig ist und ob der nächste Schritt bearbeitet wird. Um über das Konsistenzverhältnis hinaus nachvollziehen zu können, ob die Gewichtung den eigenen Zielen entspricht, ist wie bei der Visualisierung von Verbrauchsstoffen eine einheitliche Darstellung zu wählen. In Abbildung 6.3 ist eine derartige Visualisierung gewählt, in der lokale Gewichtungen eingetragen sind. Die Gewichtungsmatrix muss auf jeder Ebene jeweils für gleichrangige Kriterien aufgestellt werden. Für den in Kapitel 5.4 aufgestellten Kennzahlenbaum ergeben sich dementsprechend 11 Gewichtungsmatrizen, mit Hilfe derer die globalen Gewichte aus den jeweiligen lokalen Gewichten bestimmt werden.

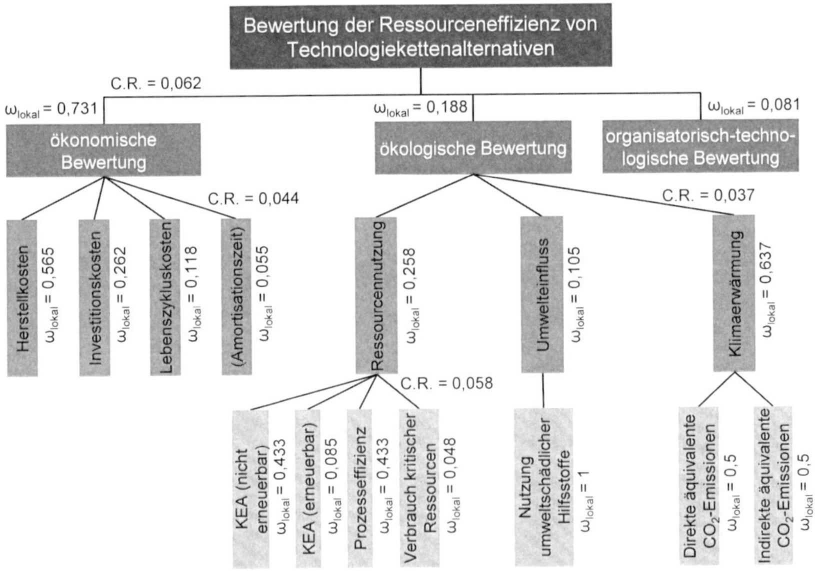

Abbildung 6.3: Vereinfachter Kennzahlenbaum inklusive beispielhafter Gewichtungen
Simplified indicator tree including exemplary weightings

In Abbildung 6.3 ist eine Visualisierung der Gewichtung eines Teils des vorgestellten Kennzahlenbaums dargestellt. Dieser Baum ist aus Gründen der Nachvollziehbarkeit reduziert, die wesentlichen Kennzahlen der Ressourceneffizienz sind allerdings enthalten. Eine Anwendung auf komplexere Kennzahlenbäume ist analog anwendbar und benötigt keine Veränderung der Methodik.

Zur Veranschaulichung wird die Gewichtungsmatrix der Unterkriterien der *Ressourcennutzung* vorgestellt. Eine derartige Matrix ist für alle gleichrangigen Kriterien durchgeführt worden. Alle zu Grunde liegenden Gewichtungsmatrizen sind im Anhang zu finden, vgl. Formeln (10.1) - (10.5).

$$A = \begin{pmatrix} 1 & 7 & 1/3 & 7 \\ 1/7 & 1 & 1/7 & 3 \\ 3 & 7 & 1 & 7 \\ 1/7 & 1/3 & 1/7 & 1 \end{pmatrix} \begin{matrix} \text{KEA (nicht erneuerbar)} \\ \text{KEA (erneuerbar)} \\ \text{Prozesseffizienz} \\ \text{Verbrauch kritischer Ressourcen} \end{matrix} \quad (6.2)$$

Die Matrix besagt, dass der KEA (nicht erneuerbar) als sehr viel wichtiger (7) eingestuft wird als der KEA (erneuerbar), etwas unwichtiger (1/3) als die Prozesseffizienz und sehr viel wichtiger (7) als der Verbrauch kritischer Ressourcen. Analog sind die weiteren paarweisen Vergleiche durchgeführt worden. Es ergibt sich ein Konsistenzverhältnis von C.R. = 0,044 ≤ 0,1. Die Gewichtung ist also ausreichend konsistent und kann weiterverwendet werden. Mit der Eigenwertmethode ergeben sich folgende Gewichtungen ω_i für die 4 Kategorien, die in Tabelle 6.1 gezeigt sind.

Tabelle 6.1: Gewichtungen der exemplarisch angenommenen Bewertungskriterien
Weighting of the exemplarily assumed evaluation criteria

	KEA (nicht erneuerbar)	**KEA (erneuerbar)**	**Prozesseffizienz**	**Verbrauch kritischer Ressourcen**
Gewichtung ω_{lokal}	0,433	0,085	0,433	0,048

Diese lokalen Gewichte können nun in globale Gewichte mittels Multiplikation umgerechnet werden. Für jede Ebene gleichrangiger Kriterien gilt:

$$\omega_{global} = \omega_{lokal} \cdot \omega_{Kategorie_{global}} \tag{6.3}$$

Für das Kriterium *KEA (nicht erneuerbar)* ergibt sich also eine Multiplikation der lokalen Gewichte der Kategorien *ökologische Bewertung, Ressourcennutzung* und *KEA (nicht erneuerbar):*

$$\begin{aligned} \omega_{global,KEA(NE)} &= \omega_{lokal,ökol.Bew} \cdot \omega_{lokal,Ressourcennutzung} \cdot \omega_{lokal,KEA(NE)} \\ &= 0{,}1884 \cdot 0{,}258 \cdot 0{,}433 = 0{,}021 \end{aligned} \tag{6.4}$$

Ein auf diese Weise bestimmtes globales Gewicht eines Bewertungskriteriums kann vereinfacht als prozentualer Anteil der Wichtigkeit des jeweiligen Kriteriums in der Gesamtbewertung verstanden werden. Die globalen Bewertungskriteriengewichte sind die Eingangsgröße für den Schritt der Bewertung von Alternativen, vgl. Kapitel 6.1.3. Sie werden in einem globalen Gewichtsvektor $\vec{w}_{global}$ zusammengefasst:

$$\vec{w}_{global} = \begin{pmatrix} \omega_{1,global} \\ \vdots \\ \omega_{n_{Kriterien},global} \end{pmatrix} \tag{6.5}$$

In den folgenden Kapiteln wird unter einem Kriteriengewicht ω stets ein globales Gewicht verstanden. Lokale Gewichte werden nur zur weiteren Verrechnung innerhalb der Gewichtungsphase oder zur Analyse der Plausibilität der Gewichtung innerhalb gleichrangiger Kriterien verwendet.

6.1.2 Bestimmung der Kriterienausprägungen von Alternativen

Quantification of Criteria of Alternatives

Um an Ausprägungen der Bewertungskriterien zu gelangen, sind unterschiedliche Verfahren anwendbar. Wie zuvor beschrieben, kommen im Wesentlichen die Verfahren PROMETHEE II und TOPSIS in Frage [BRAN85; SAAT06]. Beiden Verfahren ist gemein, dass reale Energie- und Materialverbrauchsdaten, also quantitativ verfügbare Daten, in eine Skalierung zur Bewertung transformiert werden. Letztendlich werden alle Ausprägungen der Bewertungskriterien auf das Intervall zwischen 0 und 1 normiert. Abbildung 6.4 zeigt die notwendigen Eingangsdaten zur Bestimmung der Ausprägungen, also der Ausgangsdaten. Zur Ausprägungsbestimmung sind alle Bewertungskriterien sowie die Energie- und Materialverbrauchsdaten erforderlich.

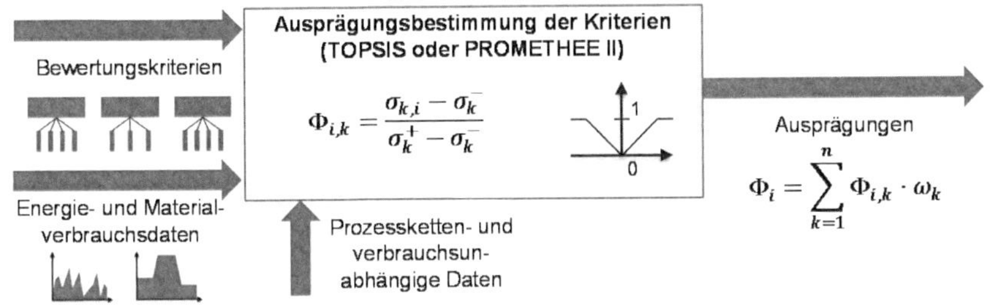

Abbildung 6.4: Ein- und Ausgangsgrößen bei der Bestimmung der Ausprägungen von Bewertungskriterien

Inputs and outputs for determining the values of evaluation criteria

Darüber hinaus können auch verbrauchsunabhängige Daten im Bewertungsmodell verwendet werden. Diese müssen separat bestimmt werden und lassen sich nur in Ausnahmefällen komplett automatisch erzeugen, können aber im industriellen Umfeld teils direkt aus Datenbanken und EDV-Systemen wie etwa ERP-Softwares entnommen werden.

Normierung der Kriterienausprägungen nach TOPSIS

Zur Normierung und Gewichtung der Ausprägungen mit TOPSIS werden zunächst obere und untere Grenzen bestimmt, zwischen denen die Ausprägungen liegen können.

$$\sigma^- = \begin{pmatrix} \sigma_{1,Worst\ Case} \\ \cdots \\ \sigma_{n_{Kriterien},Worst\ Case} \end{pmatrix} \quad (6.6)$$

$$\sigma^+ = \begin{pmatrix} \sigma_{1,Best\ Case} \\ \cdots \\ \sigma_{n_{Kriterien},Best\ Case} \end{pmatrix} \quad (6.7)$$

mit

$\sigma_{k,i}$: Ausprägung des Kriteriums k der Alternative i

$n_{Alternativen}$: Anzahl der Alternativen [-]

$n_{Kriterien}$: Anzahl der Bewertungskriterien [-]

$\sigma_{k,Worst\ Case} = \max(\sigma_{1,1}, \ldots \sigma_{1,n_{Alternativen}})$ bei Kostenkriterien und

$\sigma_{k,Worst\ Case} = min(\sigma_{1,1}, \ldots \sigma_{1,n_{Alternativen}})$ bei Nutzenkriterien und

$\sigma_{k,Best\ Case} = \min(\sigma_{1,1}, \ldots \sigma_{1,n_{Alternativen}})$ bei Kostenkriterien und

$\sigma_{k,Best\ Case} = max(\sigma_{1,1}, \ldots \sigma_{1,n_{Alternativen}})$ bei Nutzenkriterien

Ebenso wie für das PROMETHEE-Verfahren basieren diese Grenzen entweder auf Erfahrungswissen oder werden automatisiert erzeugt. Bei der automatisierten Erzeugung werden virtuelle Alternativen generiert. Die virtuelle Worst-Case Alternative beinhaltet in jeder Kategorie k den jeweils schlechtesten Wert $\sigma_{k,Worst\ Case}$ aller $n_{Alternativen}$ Alternativen. Bei Kostenkriterien sind dies die höchsten Daten, bei Nutzenkriterien entsprechend die niedrigsten. Mit diesen beiden virtuellen Alternativen lässt sich mittels folgenden Formelzusammenhangs die Ausprägung $\Phi_{i,k}$ der Alternative i für Bewertungskriterium k bestimmen. Die Vorgehensweise folgt der von REINHARDT beschriebenen Logik und unterscheidet sich ausschließlich im Schritt der Normierung vom TOPSIS-Verfahren [REIN13, S. 120 ff.].

$$\Phi_{i,k} = \frac{\sigma_{k,i} - \sigma_k^-}{\sigma_k^+ - \sigma_k^-} \qquad [-] \qquad (6.8)$$

mit $\Phi_{i,k} \in [0,1] \in R$

Während diese Vorgehensweise komplett automatisierbar ist, basiert sie ausschließlich auf den Differenzen der Werte einzelner Bewertungskriterien von Alternativen. Selbst bei Ausprägungen einer Bewertungskategorie, die keine große absolute Variation aufweisen, werden Ausprägungen auf dem Intervall von 0 bis 1 erzeugt. Sowohl die 0 als auch die 1 sind hierbei vergeben, nämlich für die Worst- und Best-Case-Alternativen. Dies führt zu einer signifikant unterschiedlichen Bewertung der Alternativen in diesem Kriterium, obwohl absolut keine große Abweichung erkennbar sein muss. Um diese Fehlerquelle zu vermeiden, sollten die Werte σ^+ und σ^- nicht immer automatisiert erzeugt werden. Vielmehr müssen diese Werte für die Prozesskette abgeschätzt, berechnet oder gemessen werden. Wie schon in Kapitel 5 angedeutet, wird diese manuelle Vorgehensweise durch wiederholte Durchführung vereinfacht und passende Grenzen werden identifiziert.

Für die Bestimmung der oberen und unteren Grenzen der erlaubten Ausprägungen eines Bewertungskriteriums ist nach der Art der Kennzahl zu unterscheiden. Beispielsweise können prozentuale Angaben wie die Prozesseffizienz direkt auf der notwendigen Skala von 0 bis 1 eingeordnet werden. Hier ist keine Umrechnung notwendig. Da allerdings prozentuale Angaben von Alternativen in ähnlichen Dimensionen liegen können, wird bei diesen Bewertungskriterien eine manuelle Anpassung der Grenzwerte vorgenommen. Beispielsweise liegt die Prozesseffizienz oftmals unter 20 %, sodass ein großer Bereich der möglichen Ausprägungsbandbreite nicht verwendet wird und somit die Abweichungen der Alternativen zueinander in diesem Kriterium nur wenig hervorgehoben werden.

Bei dem Kriterium Amortisationszeit existiert die Möglichkeit, einen Zeitraum anzugeben. Unternehmensseitig werden oftmals 2-3 Jahre als maximale Amortisationszeit einer Investition in eine Ressourceneffizienzmaßnahme definiert. Bei Nutzung einer Worst-Case-Grenze von 3 Jahren werden längere Amortisationszeiten mit dem Nutzenwert 0 versehen. Eine weitere Unterscheidung, ob längere Amortisationszeiten vorteilhaft für die Bewertung sind, ist in diesem Fall ausgeschlossen. Diese Vorgehensweise einer harten Grenze bei ausgewählten Kriterien ist sinnvoll, falls konkrete Grenzen erreicht werden sollen. Wenn für Produkte bestimmte Herstellkosten nicht überschritten werden dürfen, damit ein Produkt noch rentabel ist, ist eine derartige Grenze einzubringen. Hier ist zusätzlich die Definition von harten Grenzen notwendig, so dass Alternativen, die diese harten Grenzen nicht erfüllen, aussortiert werden und nicht in der Bewertung verwendet werden.

Für die übrigen zahlenmäßigen Ausprägungen der Bewertungskriterien ist eine Expertenschätzung zu den Grenzen erforderlich. Für Kostenkriterien wie Herstellkosten und Ressourcenverbräuche ist die minimale Best-Case-Grenze $\sigma^{+} = 0$. In diesem Falle wird allerdings nicht berücksichtigt, dass für jedes Fertigungsverfahren minimale Ressourcenaufwände notwendig sind, um die entsprechende Operation durchzuführen. Es bietet sich an, auf Basis von thermischen und mechanischen Grundprinzipien minimale Aufwände zu bestimmen, um die absolute Grenze zu bestimmen. Dies folgt der Vorgehensweise nach KLOCKE ET AL. [KLOC14a]. Eine exemplarische Anwendung dieser Methodik findet sich in Kapitel 7. Für die Worst-Case-Grenze σ^{-} sollte für Kostenkriterien ein Schwellwert definiert werden, der im Verhältnis zu den tatsächlichen prognostizierten oder gemessenen Ausprägungen eine andere Größenordnung aufweist. Beispielsweise ist eine Grenze von σ^{-} = 100 kWh für Prozesse, die lediglich wenige Kilowattstunden elektrischer Energie benötigen, nicht zielführend, da alle möglichen Alternativen normierte Ausprägungen von Werten nahe Null aufweisen. Eine eindeutige Differenzierung zwischen den Alternativen wird auf Grund der Wahl der Worst-Case-Grenze vermieden.

Wie auch bei anderen Ansätzen zur Bestimmung der Ressourceneffizienz ist es notwendig, sogenannte Best-Practices oder Benchmarks zu verwenden, um die Grenzen, in denen eine Bewertung durchgeführt wird, anwendungsnah setzen zu können. Die Vorgehensweise ist durch ein iteratives Vorgehen gekennzeichnet, in dem die Grenzen an die jeweiligen Alternativen angepasst werden. Durch langfristige Nutzung einer Bewertungsmethodik für ähnliche funktionelle Einheiten, also herzustellende Produkte, werden erfahrungsbasiert die Best- und Worst-Case-Alternativen für das TOPSIS-Verfahren gesetzt und die Qualität der Bewertung gewährleistet.

Normierung und Bestimmung der Präferenz von Bewertungskriterien mit PROMETHEE

Beim den PROMETHEE-Verfahren werden die Ausprägungen nicht mittels einer festgelegten Skala auf einem Intervall von 0 bis 1 normiert, sondern Abweichungen zwischen Alternativen werden zur Berechnung der Präferenz von Alternativen verwendet. Hierzu werden ähnlich einem paarweisen Vergleich die Alternativenausprägungen jeweiliger Bewertungskriterien verglichen. Für jedes Kriterium k ist auf der jeweils definierten Skala eine Abweichung $d_k(i,j)$ zwischen den Alternativen i und j zu bestimmen [ZIMM91, S. 222 ff.]:

$$d_k(i,j) = \sigma_{k,i} - \sigma_{k,j} \tag{6.9}$$

$d_k(i,j)$: Differenz der Ausprägungen des Bewertungskriteriums k der Alternativen i und j

Auf Basis einer Präferenzfunktion $p_k(d)$ werden Nutzenniveaus bestimmt, die mit denen Differenzen der Ausprägungen berechnet werden können. Präferenzfunktionen können unterschiedliche Verläufe annehmen und stellen einen mathematischen Zusammenhang zwischen der Größe der Differenz zweier Alternativen für ein Kriterium und des Nutzens her. Abbildung 6.5 zeigt vier typische Präferenzfunktionen, mit denen der Nutzen von Alternativen für Bewertungskriterien bestimmt wird.

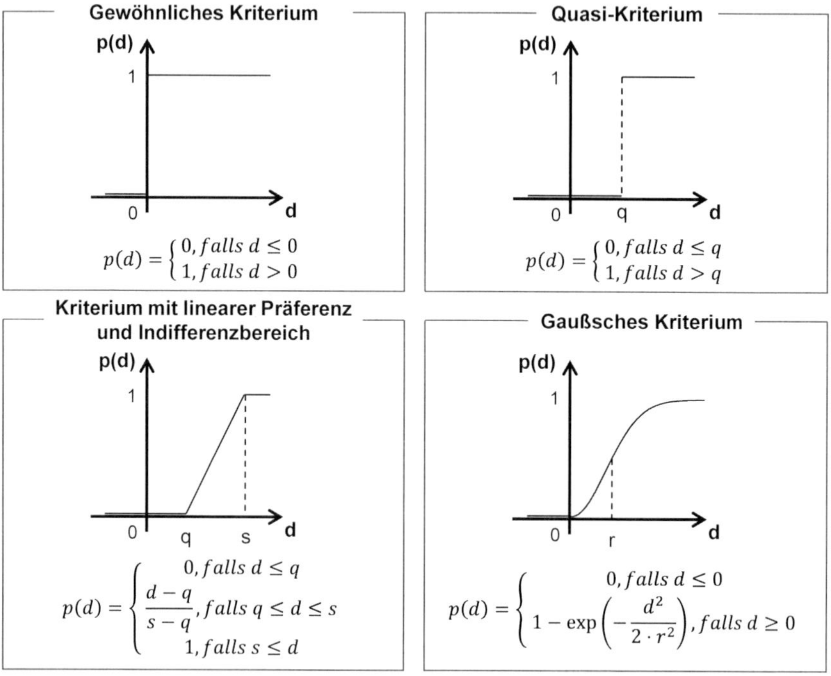

Abbildung 6.5: Typische Präferenzfunktionen für Bewertungskriteriendifferenzen [ZIMM91, S. 222 ff.]

Typical preference functions of evaluation criteria differences [ZIMM91, S. 222 ff.]

Das gewöhnliche Kriterium präferiert eine Alternative bei Vorliegen einer Differenz. Hierbei wird kein Indifferenzbereich verwendet und es liegt eine direkte Präferenz vor. Beim Quasi-Kriterium liegt ein Indifferenzbereich vor, der bis zum Differenzwert q definiert ist. Darüber hinaus herrscht wieder Präferenz. Dieses Kriterium kann vor allem dann verwendet werden, wenn kleine Abweichungen keinen Unterschied für die Bewertung ergeben, aber ab einer gewissen Schwelle eine Alternative bevorzugt werden soll. Das Kriterium mit linearer Präferenz und Indifferenzbereich weist im Verhältnis zu Quasi-Kriterium einen linearen Bereich auf. Innerhalb des Differenzbereichs von q bis s steigt die Präferenz also kontinuierlich an. Dieses Kriterium bietet sich für eine große Bandbreite unterschiedlicher Bewertungskriterien an, da oftmals eine lineare Bewertung zwischen zwei Grenzen erfolgen soll. Mit diesem Kriterium wird eine dem TOPSIS-Ansatz ähnliche Alternative gewählt. Das Gaußsche Kriterium beinhaltet darüber hinaus einen seichten Übergang von Indifferenz zur Präferenz, wobei die strenge Präferenz (p(d) = 1) niemals erreicht wird. Dieses Kriterium ist für Änderungen des Wendepunkts r wenig anfällig und zeichnet sich durch eine große Stabilität aus [ZIMM91, S. 222 ff.].

Diese Präferenzfunktionen müssen für jedes Bewertungskriterium eindeutig definiert werden, so dass eine angepasste Bewertung alternativer Technologieketten vor dem Hintergrund der Ressourceneffizienz möglich ist. Beispielsweise weisen Differenzen von Ausprägungen in den Kosten unterschiedliche Bandbreiten auf als beispielsweise der kumulierte Energieaufwand.

Die gewöhnliche Präferenzfunktion kann ausschließlich bei binären Möglichkeiten von Bewertungskriterien verwendet werden. Ein binäres Kriterium bietet die Möglichkeit der Anbindung in vorhandene IT-Systeme. Hierfür ist beispielsweise die Art der Maschinensteuerung von Interesse. Je nach Hersteller müssen unter Umständen neue Algorithmen und elektronische Anbindung installiert werden, die bei bereits bekannten und vorhandenen Steuerungssystemen deutlich erleichtert werden. In der vorliegenden Arbeit werden keine binären Kriterien verwendet, so dass diese Präferenzfunktion keine Anwendung findet.

Für viele Bewertungskriterien ist eine Präferenzfunktion nach dem Schema aus Abbildung 6.6 nutzbar. Während sehr geringe Abweichungen keine Präferenz auslösen, gibt es einen Bereich, in dem eine geringe Präferenz mit steigender Abweichung auftritt, und einen Bereich, in dem die Präferenz deutlich ansteigt, bis zu einem Punkt der Abweichung, ab dem vollständige Präferenz p(d) = 1 vorliegt.

Kriterium mit zweifacher linearer Präferenz und Indifferenzbereich

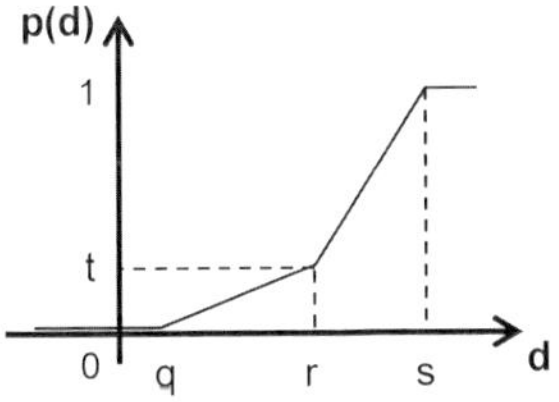

$$p(d) = \begin{cases} 0, falls\ d \leq q \\ \frac{d-q}{r-q} \cdot t, falls\ q \leq d \leq r \\ \frac{d-r}{s-r} \cdot (1-t) + t, falls\ r \leq d \leq s \\ 1, falls\ s \leq d \end{cases}$$

Abbildung 6.6: Präferenzfunktion mit zwei linearen Bereichen und einem Indifferenzbereich
Preference function with two linear sections and an indifference section

Diese Präferenzfunktion ist für Kostenkriterien angemessen. So ist bei Herstellkosten davon auszugehen, dass kleine Abweichungen nur bei sehr großen Stückzahlen stark präferiert werden und höhere Abweichungen zwischen den Ausprägungen von Alternativen auch zu stärkerer Präferenz führen. Die vorgestellte Präferenzfunktion orientiert sich an dem Gaußschen Kriterium (s.o.), ist aber rein mathematisch intuitiv mit Grenzwerten zu belegen. In der später vorgestellten Softwarelösung können beliebige Präferenzfunktionen in Form von MATLAB-Funktionen in die Software eingebunden werden, so dass auch eigene, auf Bewertungskriterien angepasste Verläufe realisierbar sind. Die Bestimmung der Grenzwerte folgt der Vorgehensweise, die auch für das TOPSIS-Verfahren angewendet wird. Je nach Bewertungskriterium sind Grenzen zu bestimmen, die den jeweiligen eigenen Präferenzen entsprechen.

Darüber hinaus muss beim PROMETHEE-Verfahren beachtet werden, dass lediglich Abweichungen der Ausprägungen von Alternativen zueinander bewertet werden und nicht der absolute Wert eines Bewertungskriteriums. Dementsprechend bieten sich auch statistische Ansätze an, durch die eine Menge an Ausprägungen analysiert und die Präferenzfunktionen eingestellt werden können. In Abbildung 6.6 ist für fünf fiktive Alternativen und deren Ausprägungen der Herstellkosten die Bestimmung der Standardabweichung und der daraus abgeleiteten Parameter für die Präferenzfunktion dargestellt.

Alternative	**Herstellkosten / €**
1	7,60
2	8,21
3	7,98
4	9,12
5	7,71
σ	0,542
r = 0,675·σ	0,366
s = 1,96·σ	1,061

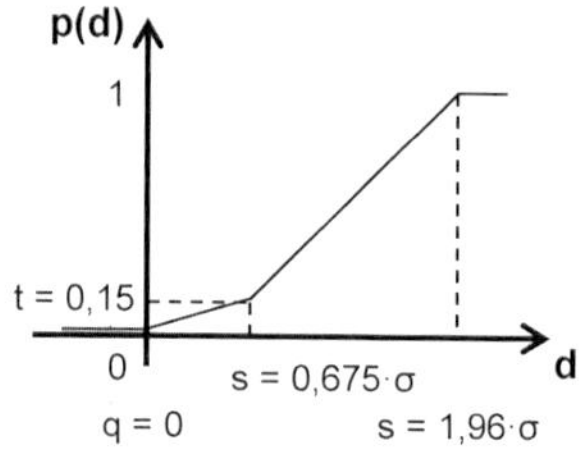

Abbildung 6.7: Bestimmung der Parameter einer zweifachen linearen Präferenzfunktion aus statistischen Größen der Alternativenausprägungen für das Bewertungskriterium Kosten

Determination of parameters of a double linear preference function from statistical data derived from criteria values of the alternatives

Im vorliegenden Beispiel wurden die Grenzen r = 0,675·σ bzw. s = 1,96·σ gesetzt. Diese entsprechen bei einer Normalverteilung 50 % (0,675·σ) aller Werte der Verteilung bzw. 95 % (1,96·σ) aller Werte. Die Vorgehensweise berücksichtigt nicht direkt die Höhe des Mittelwerts, sondern nur die Abweichungen der Werte vom Mittelwert.

Eine derartige Vorgehensweise erlaubt eine automatisierte Erzeugung von Abweichungspräferenzen, sollte aber aufgrund der zuvor genannten Eigenschaften nicht ungeprüft eingesetzt werden. Vielmehr ist auch für die Verwendung des PROMETHEE-Ansatzes empfehlenswert, die Präferenzfunktionen manuell zu bestimmen und entsprechende Abweichung zu bewerten.

6.1.3 Bewertung von Technologieketten

Evaluation of Technology Chains

Nach der Bestimmung der Ausprägungen aller Alternativen für alle Bewertungskategorien werden im vorletzten Schritt des Entscheidungsmodells die Kriteriengewichte und die Ausprägungen verwendet, um eine Bewertung durchzuführen. Ziel der Bewertung ist es, die möglichen Alternativen in einer Rangfolge zu ordnen, die für die

Entscheidungsunterstützung verwendet wird. Abbildung 6.8 zeigt die Ein- und Ausgangsgrößen für diese Bewertung auf.

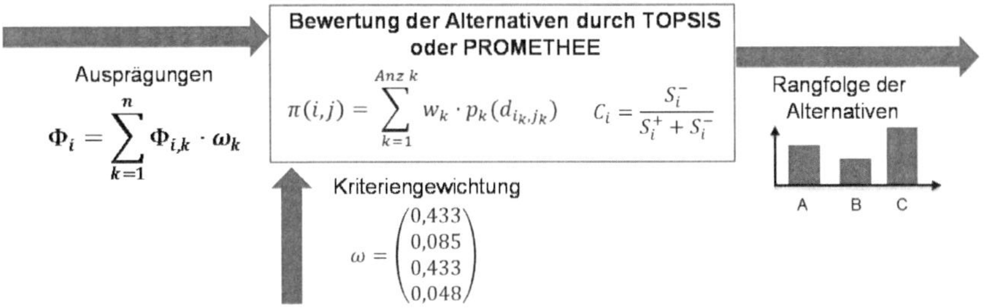

Abbildung 6.8: Ein- und Ausgangsgrößen der Bewertung der Prozesskettenalternativen
Inputs and outputs of evaluating process chain alternatives

Während die Ausprägungen für jede Alternative neu bestimmt werden müssen, kann die Kriteriengewichtung für die gleiche funktionelle Einheit weiterverwendet werden, ist also für eine Bewertung einmalig zu bestimmen. Da das Aufstellen der Bewertungskriterien und deren Gewichtung durch den paarweisen Vergleich im AHP zeitaufwändig ist, sollte ein Kennzahlenbaum für möglichst viele Bewertungsaufgaben nutzbar sein. Lediglich spezielle Kennzahlen, die nur auf eine Bewertungsaufgabe anwendbar sind, führen zu notwendigen neuen Kennzahlenhierarchien.

Es ist zu erläutern, wie die Kriteriengewichte mit den Ausprägungen bei hierarchischer Kriterienanordnung nach Anwendung der Eigenwertmethode zusammengeführt werden. Ausgangspunkt ist die bereits in Kapitel 2.3.1 beschriebene globale Gewichtung von Bewertungskriterien k:

$$\sum_{k=1}^{n} \omega_k = 1 \tag{6.10}$$

mit ω_k:	Globales Gewicht der Kategorie k	[-]
n:	Anzahl der Bewertungskategorien	[-]

Darüber hinaus sind die Ausprägungen $\Phi_{i,k}$ der Bewertungskriterien für alle Alternativen bereits auf ein Intervall von 0 bis 1 bestimmt. Nun sind zwei Alternativen im analytischen Hierarchie-Prozess möglich. Entweder werden alle Ausprägungen auf einer Skala von 0 bis 1 im normierten Zustand übernommen und mit den jeweiligen Kategorien gewichtet (distributiver Modus) oder es wird immer die beste Alternative einer Kategorie mit den anderen Alternativen ins Verhältnis gesetzt und dann mit dem Kategoriengewicht multipliziert (idealer Modus). Beim distributiven Modus werden alle Einzelausprägungen durch die Summe aller Einzelausprägungen geteilt, um diese zu normieren. Es ergeben sich folgende Berechnungsvorschriften für die globale Ausprägung Φ_i der Alternative i [SAAT06]:

Distributiver Modus

$$\Phi'_{i,k} = \frac{\Phi_{i,k}}{\sum \Phi_{i,k}} \qquad [-] \qquad (6.11)$$

$$\Phi_i = \sum_{k=1}^{n} \Phi'_{i,k} \cdot \omega_k \qquad [-] \qquad (6.12)$$

mit m: Anzahl der Alternativen

Idealer Modus

$$\Phi'_{i,k} = \frac{\Phi_{i,k}}{\max(\Phi_{1,k}, \Phi_{2,k}, \dots, \Phi_{m,k})} \qquad [-] \qquad (6.13)$$

$$\Phi_i = \sum_{k=1}^{n} \Phi'_{i,k} \cdot \omega_k \qquad [-] \qquad (6.14)$$

Tabelle 6.2 listet alle normierten Ausprägungen der Alternativen in jeder Kategorie und die zugehörigen globale Bewertung der Alternativen bei Nutzung des distributiven Modus.

Tabelle 6.2: Globale Bewertung von Alternativen mit distributivem Modus

Global evaluation of alternatives with distributive mode

	KEA (nicht erneuerbar) ω_{lokal} **= 0,433**	**KEA (erneuerbar)** ω_{lokal} **= 0,085**	**Prozess-effizienz** ω_{lokal} **= 0,433**	**Verbrauch kritischer Ressourcen** ω_{lokal} **= 0,048**	**Gesamt-bewertung Φ**
Alt. 1	0,2	0,1	0,9	0,3	**0,499**
Alt. 2	0,3	0,6	0,05	0,6	**0,231**
Alt. 3	0,5	0,3	0,05	0,1	**0,268**

Es zeigt sich, dass die globalen Gewichte bei dieser Methode bereits normalisiert sind. Bei Anwendung des idealen Modus ergeben sich die folgenden Ausprägungsgewichte und entsprechend die normierten, globalen Bewertungen der Alternativen.

Tabelle 6.3: Globale Bewertung von Alternativen mit idealem Modus

Global evaluation of alternatives with ideal mode

	KEA (nicht erneuerbar) ω_{lokal} **= 0,433**	**KEA (erneuerbar)** ω_{lokal} **= 0,085**	**Prozess-effizienz** ω_{lokal} **= 0,433**	**Verbrauch kritischer Ressourcen** ω_{lokal} **= 0,048**	**Gesamt-bewertung Φ**
Alt. 1	0,4	0,166	1	0,5	**0,411**
Alt. 2	0,6	1	0,055	1	**0,266**
Alt. 3	1	0,5	0,055	0,166	**0,323**

Grundsätzlich wird der distributive Modus empfohlen, da die Ausprägungen bereits durch die Verfahren TOPSIS oder PROMETHEE II auf dem Intervall von 0 bis 1 definiert wurden. Eine erneute Normierung auf die beste Ausprägung kann die Bewertung verfälschen. Für die weitere Bewertung der Ressourceneffizienz in dieser Arbeit wird im Folgenden ausschließlich die Erzeugung der Rangfolge von Alternativen nach TOPSIS oder PROMETHEE verwendet, da diese aufgrund der mathematischen Zusammenhänge robust, nachvollziehbar und die Ursachen analysierbar sind.

Auf Basis der beiden dargestellten Bewertungsmethoden lässt sich das Ergebnis der Bewertung visualisieren. Hierzu dient zum einen die zuvor gezeigte tabellarische Darstellung (Tabelle 6.2 & Tabelle 6.3), um quantitativ die besten Alternativen zu identifizieren. Darüber hinaus sind auch grafische Darstellungen wie beispielsweise bei einer Balanced Scorecard zielführend. Vor allem eine Darstellung nur der wesentlichen Bewertungskriterien, also die erste oder zweite Ebene der Bewertungshierarchie, führt zu übersichtlichen und nachvollziehbaren Bewertungen. Es ist weiterhin jederzeit möglich, auch Unterkriterien mit dieser Darstellung zu visualisieren. Abbildung 6.9 zeigt eine mögliche Darstellung mit den Zahlenwerten des obigen Beispiels.

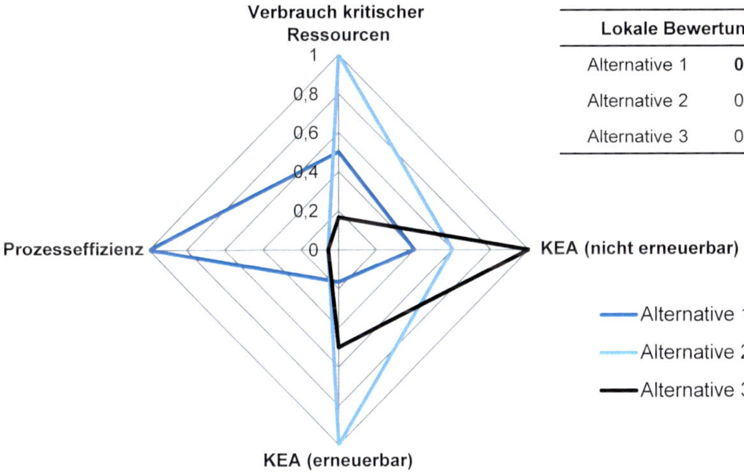

Lokale Bewertung	
Alternative 1	**0,411**
Alternative 2	0,266
Alternative 3	0,323

Abbildung 6.9: Visualisierung unterschiedlicher Bewertungskriterien nach dem Schritt der Bewertung (idealer Modus)

Visualization of different evaluation criteria after evaluation (ideal mode)

Die Darstellung zeigt die gewählten Kriterien der Ressourcennutzung und deren exemplarische Ausprägungen auf. Erst durch diese grafische Darstellung ist eine Interpretation auch für unerfahrene Nutzer leicht möglich. Die resultierenden lokalen Bewertungen sind als Zahlenwerte angegeben, um das Ergebnis der Bewertung zu verdeutlichen.

Bewertung mit TOPSIS

Das TOPSIS Verfahren wird für die Aggregation der Ausprägungen unter Berücksichtigung der zuvor mit dem AHP erzeugten Kriteriengewichte genutzt. Hierfür werden die Kriterienausprägungen der Alternativen mit den Kriteriengewichten multipliziert und normiert. Es ergibt sich die gewichtete, normierte Entscheidungsmatrix U [REIN13, S. 120 ff.].

$$\{U = (u_{i,k}) \in R^{n_{Alternativen} \times n_{Kriterien}}\} \quad (6.15)$$

$$\text{mit } u_{i,k} = \Phi_{i,k} \cdot \omega_k \quad [-]$$

Zur Bestimmung des euklidischen Abstands sowohl zur besten (s_i^+) als auch zur schlechtesten (s_i^-) Alternative wird folgender Zusammenhang verwendet [REIN13, S. 120 ff.]:

$$s_i^+ = \sqrt{\sum_{k=1}^{n_{Kriterien}} (u_{i,k} - u_k^+)^2}, i = 1, 2, \ldots, n_{Alternativen} \quad [-] \quad (6.16)$$

$$s_i^- = \sqrt{\sum_{k=1}^{n_{Kriterien}} (u_{i,k} - u_k^-)^2}, i = 1, 2, \ldots, n_{Alternativen} \quad [-] \quad (6.17)$$

Für diese Berechnungen müssen jeweils u^+ und u^- je nach dem, ob es sich um ein Nutzen- oder Kostenkriterium handelt, auf die maximale oder minimale Ausprägung eines Bewertungskriteriums festgesetzt werden. Der relative Abstand ξ_i beschreibt die gesamte Vorteilhaftigkeit einer Alternative i [REIN13, S. 120 ff.]:

$$\xi_i = \frac{s_i^-}{s_i^- + s_i^+} \quad [-] \quad (6.18)$$

Es gilt s^+ zu maximieren und s^- zu minimieren. Im relativen Abstand wird der Abstand zur Worst-Case-Alternative ins Verhältnis zum gesamten Abstand zur besten als auch zur schlechtesten Alternative gesetzt. Dementsprechend ist ein höherer Wert von Vorteil. Mit diesem relativen Abstand lassen sich die Alternativen in eine Rangfolge bringen.

Zur Analyse der Bewertungskriterien, die eine Auswirkung auf die mit TOPSIS ermittelte Bewertung haben, wird der Bewertungsindikator $\tilde{u}_{i,k}$ der Alternative i und des Bewertungskriteriums k bestimmt. Dieser Indikator beinhaltet die Gewichtung der Bewertungskriterien sowie die Normierung aller Ausprägungen und wird zur Ursachenanalyse einer durchgeführten Bewertung verwendet. In Kapitel 7 wird für die beispielhafte Anwendung der Bewertungssystematik eine Darstellung aller Bewertungsindikatoren durchgeführt. Er repräsentiert nicht die exakte Berechnung des TOPSIS-basierten Verfahrens, sondern weist lediglich Indikatorcharakter auf.

$$u'_{i,k} = \frac{u_{i,k}}{\sum_{i=1}^{n_{Alternativen}} \sum_{k=1}^{n_{Kriterien}} u_{i,k}} \qquad [-] \qquad (6.19)$$

$$s = max\left(\sum_{k=1}^{n_{Kriterien}} u_{i,k}\right), i = 1,2, \dots, n_{Alternativen} \qquad [-] \qquad (6.20)$$

$$\tilde{u}_{i,k} = \frac{u'_{i,k}}{s} \qquad [-] \qquad (6.21)$$

$u'_{i,k}$:	Element der auf alle Alternativen und Bewertungskriterien normierten, gewichteten Entscheidungsmatrix	[-]
s:	Normierungsfaktor	[-]
$\tilde{u}_{i,k}$:	Bewertungsindikator der Alternative i und Bewertungskriterium k	[-]

Bewertung mit PROMETHEE II

Mit Hilfe der Präferenzfunktionen und den Ausprägungsdifferenzen zweier Alternativen werden Outrankingrelationen bestimmt. Diese Relationen weisen auf eine Dominanz einer Alternative gegenüber einer anderen hin. Hierbei werden alle Ausprägungen von Bewertungskriterien zweier Alternativen miteinander verglichen. Die Outrankingrelation $\pi(i,j)$ drückt die Dominanz der Alternative i gegenüber der Alternative j aus und ist definiert als [ZIMM91, S. 222 ff.]:

$$\pi(i,j) = \sum_{k=1}^{n_{Kriterien}} \omega_k \cdot p(d_k(i,j)) \qquad [-] \qquad (6.22)$$

$p_k(d)$: Präferenzfunktion des Bewertungskriteriums k

Es muss bei Nutzung dieser Outrankingrelation nicht zwingend eine dominante Alternative geben. Durch die Wahl von Indifferenzbereichen in den Präferenzfunktionen oder spezifische Kombinationen aus Gewichtung ω_k und Präferenz $p(d_k(i,j))$ kann ein Outranking auch $\pi(i,j) = 0$ ergeben. In diesem Fall spricht man von Indifferenz, eine Rangfolge zwischen diesen beiden Alternativen ist nicht möglich. Dementsprechend kann bei ungünstigen Kombinationen eine eindeutige Rangfolge aller Alternativen nicht gewährleistet werden. Um die absolute Überlegenheit von einer Alternative gegenüber nicht nur einer anderen, sondern allen anderen messbar zu machen, werden Ausgangs- (F^+) und Eingangsflüsse (F^-) sowie der Nettofluss F(i) definiert [BRAN85]. Je höher der Nettofluss ausfällt, desto größer ist die Vorteilhaftigkeit der Alternative nach PROMETHEE II. Bei F(i) = F(j) herrscht Indifferenz. Nach dem PROMETHEE I-Ansatz existiert zusätzlich noch Unvergleichbarkeit, da nicht die Nettoflüsse, sondern die Ausgangs- und Eingangsflüsse zum Vergleich verwendet werden.

$$F^{+}(i) = \sum_{j=1}^{n_{Alternativen}-1} \pi(i,j), \forall j \neq i \qquad [-] \qquad (6.23)$$

$$F^{-}(i) = \sum_{j=1}^{n_{Alternativen}-1} \pi(j,i), \forall j \neq i \qquad [-] \qquad (6.24)$$

$$F(i) = F^{+}(i) - F^{-}(i) \qquad [-] \qquad (6.25)$$

Tabelle 6.4 listet die Unterschiede der Definitionen für Dominanz, Indifferenz und Unvergleichbarkeit der PROMETHEE-Verfahren.

Tabelle 6.4: Voraussetzungen für Dominanz, Indifferenz und Unvergleichbarkeit für PROMETHEE-Verfahren [BRAN85]

Prerequisites for dominance, indifference and incomparability of PROMETHEE methods [BRAN85]

	PROMETHEE I	PROMETHEE II
Dominanz	$F^{+}(i) > F^{+}(j)$ & $F^{-}(i) < F^{-}(j)$	$F(i) > F(j)$
Indifferenz	$F^{+}(i) = F^{+}(j)$ & $F^{-}(i) = F^{-}(j)$	$F(i) = F(j)$
Unvergleichbarkeit	$F^{+}(i) > F^{+}(j)$ & $F^{-}(i) > F^{-}(j)$ oder $F^{+}(i) < F^{+}(j)$ & $F^{-}(i) > F^{-}(j)$	-

Es zeigt sich, dass das PROMETHEE I Verfahren aufgrund der Unvergleichbarkeit nicht immer eine eindeutige Reihenfolge erzeugt. Dies verdeutlicht die folgende Abbildung 6.10.

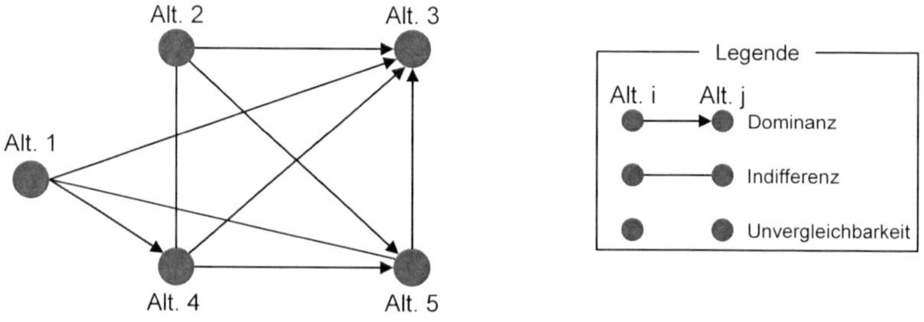

Abbildung 6.10: Übersicht der Ausgangsflüsse von Alternativen im Netzplan

Overview of outgoing flows of alternatives in a network plan

In der Abbildung werden 5 Alternativen dargestellt, die entweder eine andere dominieren (Pfeil), indifferent zueinander (Kante) oder unvergleichbar sind (keine Verbindung). Dieses Darstellungsschema entspricht dem PROMETHEE I-Verfahren. In diesem Beispiel zeigt sich, dass eine eindeutige Rangfolge nicht möglich ist. Beide Alternativen 1 und 2 dominieren andere und werden nicht dominiert, so dass diese beiden als mögliche Auswahl in Frage kommen. Alle anderen Alternativen werden eher dominiert als dass sie selbst dominieren und kommen deswegen zur Auswahl nicht in Frage. Eine Unvergleichbarkeit bedeutet, dass keine eindeutige Entscheidung zwischen Alternative 1 und 2 möglich ist. Bei Verwendung des PROMETHEE II Verfahrens ist in jedem Falle eine Vergleichbarkeit der Alternativen 1 und 2 möglich, wobei auch hier theoretisch Indifferenz auftreten könnte. In diesem Falle sind die Alternativen gleichwertig und eine Auswahl beider wird als nach der Methodik sinnvoll erachtet. Im Folgenden wird ausschließlich PROMETHEE II verwendet, um Unvergleichbarkeit zu vermeiden und möglichst eindeutige Aussagen über die Vorteilhaftigkeit von Technologiekettenalternativen zu erhalten.

Im Gegensatz zum TOPSIS-Verfahren ergibt sich ein erhöhter Bewertungsaufwand, da bei jeder Bewertung eines neuen Produkts oder einer Dienstleistung die Schwellwerte der gewählten Kriterien zu überprüfen und gegebenenfalls neu zu setzen sind. Dies begründet sich durch die Verwendung von Differenzen der Ausprägungen von realen Alternativen. Es sind also keine absoluten Grenzen zu setzen. Dieser Problematik wird Abhilfe geschaffen durch die Verwendung von einfachen statistischen Grenzen. Beispielsweise können die Grenzen für Präferenzen von Kriterien auf ein Vielfaches der Standardabweichung oder einen Anteil des Mittelwerts der Ausprägungen der Alternativen gesetzt werden. Der Ansatz über einen prozentualen Anteil des Mittelwerts integriert die Höhe der Ausprägungen, so dass automatisiert auch die prozentualen Differenzen nivelliert werden.

6.1.4 Vor- und Nachteile von TOPSIS und PROMETHEE

Advantages and Disadvantages of TOPSIS and PROMETHEE

Wie zuvor dargestellt, sind TOPSIS und PROMETHEE jeweils Verfahren zur Bewertung von multikriteriellen Alternativen. Das PROMETHEE-Verfahren ist in der Lage, Vergleiche auf Basis von Abweichungen der Ausprägungen von Bewertungskriterien durchzuführen und die Überlegenheit von Alternativen gegenüber anderen zu identifizieren. Dieses Verfahren kann also ausschließlich zu Vergleichszwecken genutzt werden. Es ergibt sich eine Rangfolge von Alternativen, die nicht zwingend transitiv ist. Dies bedeutet, dass wenn eine Alternative A eine andere B dominiert, nicht zwingend die Alternative C, die A dominiert, ebenfalls B dominiert. Eine Entscheidung basiert also stets nicht nur auf der rein zahlenmäßigen Interpretation, sondern erfolgt unter Zuhilfenahme des Netzplans, da hier jeweilige Vorteilhaftigkeiten deutlich werden. Darüber hinaus sind für eine valide Entscheidung die Zwischenkennzahlen und deren Ausprägungen zu sichten, um Sicherheit über die tatsächliche Vorteilhaftigkeit und die Korrektheit der Bewertung gewährleisten zu können. Das PROMETHEE-Verfahren bietet die Möglichkeit, eine Präferenzfunktionen zu hinterlegen, die für wiederkehrende Bewertungen beispielsweise gleicher oder ähnlicher Produkte jeweils für die gewählten Bewertungskriterien definiert werden können. Mit Hilfe dieser Funktionen ist keine vordefinierte Skala notwendig, sondern auf Basis der Abweichungen der Alternativen können Präferenzen auch vollautomatisch identifiziert werden.

Das TOPSIS-Verfahren eignet sich nicht nur, um Alternativen in eine Reihenfolge zu bringen, sondern ist darüber hinaus in der Lage, unterschiedliche Alternativen auf einer Skala zu bewerten, die nicht zwingend von der Menge an Alternativen abhängt. Hierzu ist die Wahl der Grenzen für jedes Bewertungskriterium wie beschrieben durchzuführen. Diese definieren die Validität der Bewertung auf der gewählten Skala. Dies führt zu einer absoluten Einordnung von Alternativen zwischen Best- und Worst-Case-Alternativen, so dass für jedes Kriterium identifiziert wird, welchen Erfüllungsgrad die jeweiligen Alternativen erbringen.

Beide Verfahren eignen sich zur Auswahl einer Technologiekette, wobei das TOPSIS-Verfahren für einen Soll-Ist-Vergleich die notwendigen Voraussetzungen bereitstellt. Beispielsweise wird eine geplante Alternative auf der gewählten Skala der Bewertungskriterien eingeordnet und eine spätere Überprüfung direkt mit diesen Werten verglichen. Dies bei Nutzung von PROMETHEE nur mit der Generierung von virtuellen Alternativen möglich, so dass für diesen Zweck der TOPSIS-Ansatz zu verwenden ist.

6.2 Zukunftsorientierte Bewertung von Technologiekettenalternativen

Future oriented Evaluation of Process Chain Alternatives

Energie- und Materialpreise unterliegen sowohl politisch-strategischen als auch verfügbarkeitsbedingten Preisschwankungen. So können beispielsweise ölexportierende Länder durch Senkung oder Erhöhung der Erdölproduktion den Preis auf dem Ölmarkt stark beeinflussen [BANS15]. Auch die Fokussierung Europas auf erneuerbare Energiequellen wird mittelfristig zu deutlich verringerten äquivalenten CO_2-Emissionen bei der Erzeugung elektrischer Energie führen. Diese Veränderungen können sich auf die Auswahl unterschiedlicher Prozesse und Prozessketten auswirken [DÖBB14]. Um auch diesen Einflüssen auf zukünftige Preis- und ökologische Wirkungsentwicklungen gerecht zu werden, muss das Entscheidungsmodell eine zukunftsorientierte Bewertung erlauben. Diese Bewertung wird durch die Möglichkeit der Variation der Energie- und Materialfaktoren umgesetzt. Diese Faktoren erlauben – wie in Kapitel 5.4.3 beschrieben – auf Basis der Verbrauchsmengen für jede Verbrauchsart die Kosten, den Primärenergiebedarf oder die äquivalenten CO_2-Emissionen zu berechnen. Durch Variation dieser Faktoren für zukünftige Zeitpunkte können Entwicklungen von Preisen oder ökologischen Wirkungen modelliert werden. In Abbildung 6.11 sind die äquivalenten CO_2-Emissionen zur Erzeugung sowie der Endverbraucherpreis einer Kilowattstunde elektrischer Energie in Deutschland von 2000 bis 2050 aufgezeigt. Die Kosten entstammen dem statistischen Bundesamt [STAT15a]. Die zukünftige Entwicklung des Energiepreises sowie die äquivalenten CO_2-Emissionen wurden dem Referenzszenario 2013 für die Entwicklung bis 2050 der Europäischen Kommission entnommen [EURO14].

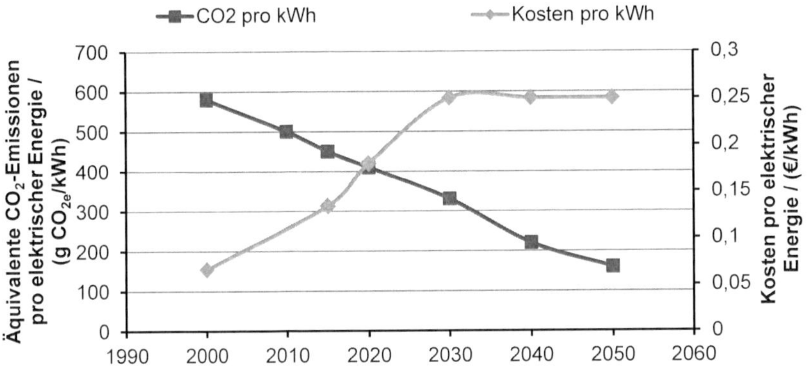

Abbildung 6.11: Entwicklung der Kosten und äquivalenten CO_2-Emissionen einer Kilowattstunde elektrischer Energie von 2000 bis 2050 (Quellen: [STAT15a; EURO14])

Development of costs and equivalent CO_2-emissions of one kilowatthour of electrical energy from 2000 to 2050 (Sources: [STAT15a; EURO14])

Es ist also für unterschiedliche Jahre die gesamte Verbrauchsfaktorenmatrix V zu definieren. Es können hierbei sowohl einzelne Verbrauchsarten, wie beispielsweise elektrische Energie, variiert als auch die gesamte Matrix neu definiert werden. Die gesamte Bewertungsmethodik wird dann für jedes Jahr mit der jeweiligen Matrix durchgeführt. Folgende Bewertungskriterienmatrizen müssen für alle Technologieketten berechnet werden:

$$W_{p,y} = R_p \cdot V_y, \forall p, y \tag{6.26}$$

p:	Prozesskette p	[-]
y:	Jahr y (z. B. 2015, 2030, etc.)	[-]

In Abbildung 6.12 ist die Entwicklung der Bewertung unterschiedlicher Prozesskettenalternativen bei Verwendung der vorgestellten Vorgehensweise dargestellt. In diesem Beispiel wird davon ausgegangen, dass der Preis elektrischer Energie bis 2050 stark zunimmt. Zu Grunde liegt die Annahme, dass Alternative 1 sehr geringe Verbräuche an elektrischer Energie aufweist, aber sehr hohe Kosten durch andere Verbrauchsstoffe verursacht. Es zeigt sich, dass durch die Nutzung von Zukunftsszenarien eine deutliche Verschiebung der Vorteilhaftigkeit vorliegen kann.

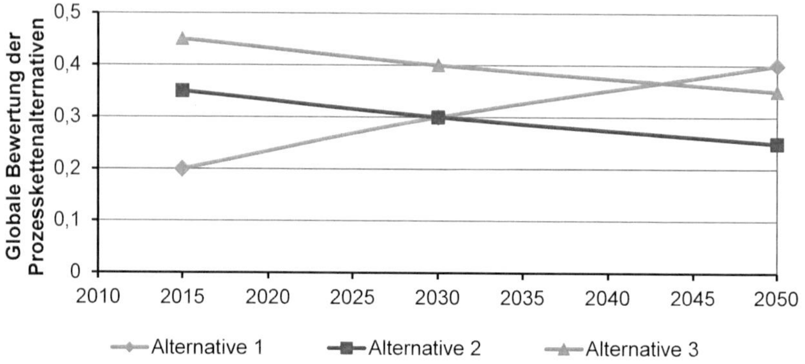

Abbildung 6.12: Entwicklung der Bewertung unterschiedlicher Prozesskettenalternativen in der Zukunft

Development of the evaluation of different process chain alternatives in the future

6.3 Zwischenfazit

Interim Conclusion

Auf Basis zweier Verfahren zur Bewertung der Ressourceneffizienz unter Berücksichtigung ökonomischer, ökologischer und technologisch-organisatorischer Faktoren wurde die dritte Forschungsfrage beantwortet, wie unterschiedliche Technologiekettenalternativen zu vergleichen und eine Entscheidung der Wahl zwischen diesen Alternativen zu unterstützen ist. In diesem Kapitel wurde die Gewichtung von Bewertungskriterien vorgestellt. Die nachfolgende Bestimmung der Ausprägungen, die durch die Alternativen in Form von Energie- und Materialverbrauchsdaten sowie weiterer Kennzahlen vorgegeben werden, ist ebenfalls Bestandteil der vorherigen Ausführungen. Aufbauend auf den Ausprägungen wurden eindeutige Vorgehensweisen zur Berechnung und Bewertung der jeweiligen Prozesskettenalternativen vorgestellt. Sowohl die Bestimmung der verfahrensspezifisch notwendigen Parameter sowie deren Verknüpfung zu entscheidungsunterstützenden Kennzahlen wurde beschrieben. Darüber hinaus wurde ein Ansatz zur Berücksichtigung zukünftiger Entwicklungen der Einflüsse von Energie- und Materialverbrauchsdaten auf ökonomische, ökologische und technologische Auswirkungen berücksichtigt, so dass eine Bewertung nicht nur auf Basis aktueller, sondern auch vor dem Hintergrund zukünftiger Rahmenbedingungen durchgeführt werden kann. Während der vorgestellte TOPSIS-Ansatz im Wesentlichen zur absoluten Einordnung von Technologiekettenalternativen in klar umrissenen Grenzwerten eingesetzt werden kann, ist der PROMETHEE-Ansatz hauptsächlich zum direkten Vergleich mehrerer Alternativen einsetzbar, da beim letztgenannten Ansatz nicht die absolute Einordnung, sondern nur die Abweichungen der Alternativen untereinander berücksichtigt werden können.

7 Softwarebasierte Implementierung des Entscheidungsmodells zur Auswahl von Technologieketten im Anwendungszusammenhang

Software based Implementation of the and Decision Model for Choosing Technology Chains in Industrial Application

In diesem Kapitel wird eine aus den durchgeführten Arbeiten abgeleitete Softwareanwendung am Beispiel zweier Prozessketten vorgestellt und das in der vorliegenden Arbeit definierte Entscheidungsmodell angewendet. Die Software ermöglicht die Durchführung der Bewertung auf Basis von Prozessverbräuchen und -eigenschaften. Daraufhin sind unterschiedliche Gewichtungs- und Bewertungsprofile auswählbar, um zu einer Entscheidung zu gelangen. Die Entscheidung selbst wird mit Hilfe der Software unterstützt. In diesem Beispiel wird der Bewertungskennzahlenbaum des vorherigen Kapitels inklusive der dortigen Gewichtung verwendet (Kapitel 6.1.1, Abbildung 6.3). In diesem Kapitel werden dementsprechend die Schritte der *Bestimmung des Bilanzrahmens*, die *Ermittlung von Ausprägungen* auf Basis unterschiedlicher Technologieketten sowie die *Bewertung* und *Entscheidungsunterstützung* exemplarisch behandelt, vgl. Abbildung 7.1.

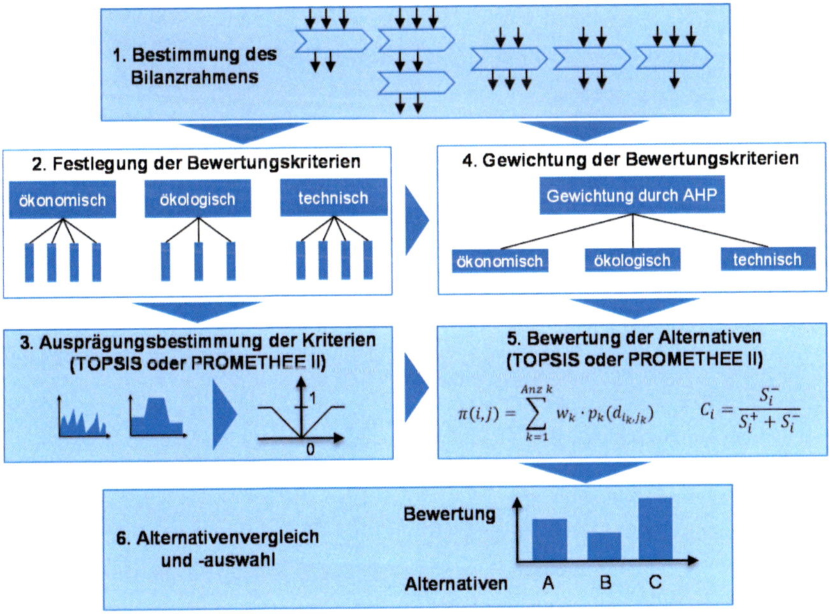

Abbildung 7.1: Vorgehensweise des Bewertungsmodells und in diesem Kapitel adressierte Schritte

Methodology of the evaluation model and addressed steps of this chapter

7.1 Szenario des Anwendungsfalls und Bestimmung des Bilanzrahmens

Scenario of the Case Study and Determination of the Balance Shell

Für die Auswahl eines geeigneten Betrachtungsrahmens müssen die funktionalen Eigenschaften des herzustellenden Produkts definiert werden. Hierfür bietet es sich an, Anforderungen an Oberflächengüte, Maßtoleranzen und weitere konstituierende Merkmale festzulegen, so dass nur Prozesskettenalternativen bewertet werden, die diese funktionalen Anforderungen erfüllen können.

Im vorliegenden Beispiel werden zwei unterschiedliche Prozessketten bewertet, die zur Herstellung desselben Produkts verwendet werden können. Es handelt sich um die Herstellung eines Getrieberads der DAIMLER AG. Dieses aus 20CrMo4 (1.7321) gefertigte Getriebebauteil für Automobile der A- und B-Klassen weist ein Gewicht von 604 g auf und kann mit den in Abbildung 7.2 dargestellten beiden Technologiekettenalternativen hergestellt werden.

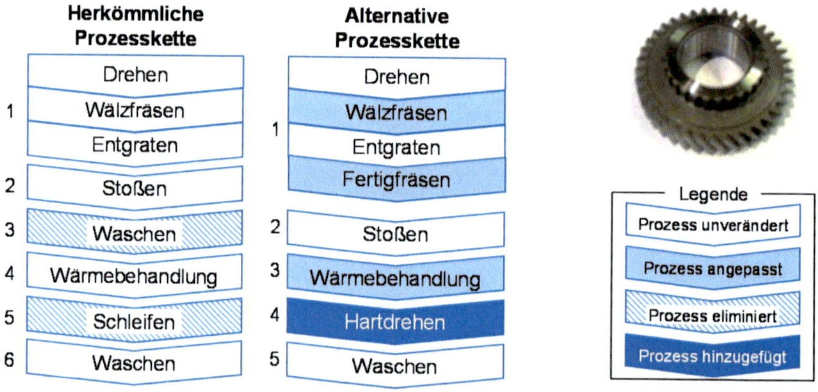

Abbildung 7.2: Konventionelle und alternative Prozesskette zur Herstellung des Getrieberads [DÖBB14]

Conventional and alternative process chain for manufacturing the gear wheel [DÖBB14]

Die alternative Prozesskette wurde mit Experten des Unternehmens entwickelt und die Veränderungen zur konventionellen Herstellung wurden abgestimmt [DÖBB14]. Das Bewertungsmodell wird verwendet, um die bestehende Fertigungskette mit einer möglichen Alternative zu vergleichen. Ein derartiger Vergleich ist hauptsächlich für eine Investition beim Neuaufbau einer Prozesskette sinnvoll. Ziel der Bewertung ist nicht die Substitution der konventionellen Prozesskette, sondern die fiktive Bewertung zum Aufbau einer alternativen Fertigungslinie für das Getrieberad.

Bei der alternativen Prozesskette sind mehrere Änderungen zur konventionellen Prozesskette vorgenommen worden. Alle diese Veränderungen sind aus technologischer Sicht als Stand der Technik anzusehen und verändern die funktionalen Anforderungen des Bauteils nicht [DÖBB14]. Die Veränderung sind

- die Integration des Fertigfräsens in den Wälzfräsprozess und Wegfall des vorletzten Prozessschritts Schleifen,
- die Umstellung der Zerspanprozesse auf Trockenbearbeitung,
- der Einsatz des Vakuumaufkohlens an Stelle des konventionellen Aufkohlens und
- die Reduktion der Absaugung um 50 %.

Durch die Verfahrensintegration des Fertigfräsens im Bearbeitungszentrum, auf dem bereits das Wälzfräsen und Entgraten durchgeführt wird, kann die gesamte Durchlaufzeit verringert werden, während die Taktzeit des ersten Prozessschritts um 20 % erhöht wird. Da der Prozess zuvor kein Engpassprozess war, wurde eine Reduktion der unproduktiven Standbyzeit des Prozesses erreicht. Weiterhin entfällt das Schleifen, da durch das Fertigfräsen kein Schleifprozess nach der Wärmebehandlung mehr notwendig ist. Alle Zerspanprozesse können auf Trockenbearbeitung umgestellt werden, so dass die zentrale Versorgung durch Kühlschmierstoff, in diesem Fall ölbasiert, komplett vermieden wird. Dies wirkt sich nicht nur auf unmittelbare Verbrauchsmengen aus, sondern ermöglicht den Wegfall eines Waschprozesses.

Alle beschriebenen Modelle und Vorgehensweisen wurden in einer Java-basierten Softwarelösung programmiert, die in Abbildung 7.3 dargestellt ist.

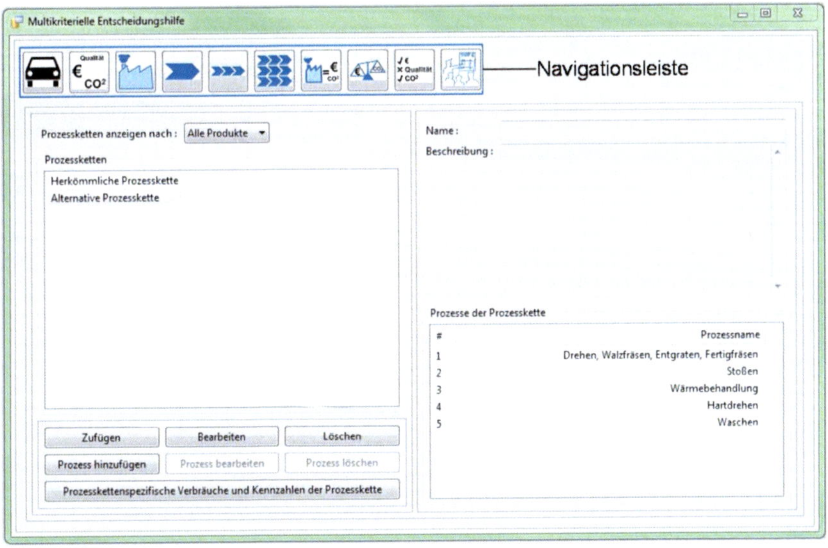

Abbildung 7.3: Übersicht der Softwarelösung zur Entscheidungsunterstützung
Main view of the software based decision support

Mit Hilfe der Navigationsleiste lassen sich von links nach rechts Produkte, Bewertungskriterien, Verbrauchsarten, Prozesse, Prozessketten, Prozesskettenvergleiche, Umrechnungsfaktoren, die Gewichtung der Bewertungskriterien mit dem AHP, die Definition der Präferenzfunktionen für PROMETHEE und der Grenzen für den TOPSIS-Ansatz sowie die Auswertung starten. Darüber hinaus sind alle Informationen wie Prozesskettenalternativen, zugehörige Prozesse sowie weitere Editieroptionen gelistet. Im Folgenden werden die notwendigen Schritte zur Bewertung der Ressourceneffizienz durchlaufen. Hierbei wird die softwareseitige Definition der Produkte, der Bewertungskriterien sowie der Verbrauchsarten nicht vorgestellt, da diese bereits inhaltlich behandelt wurde und keinen weiteren Mehrwert für den Leser bietet. Entsprechende grafische Benutzeroberflächen sind im Anhang (Kapitel 10.3) zu finden.

7.2 Ermittlung der Verbrauchsdaten

Determination of Consumption Data

Wie bereits in Kapitel 4.1 beschrieben, wurde ein breites Spektrum an unterschiedlichen Energie- und Materialverbrauchsdaten bestimmt, um eine möglichst umfangreiche Datenbasis zu erhalten. Konkret wurden die Verbrauchsarten der Abbildung 7.4 bestimmt.

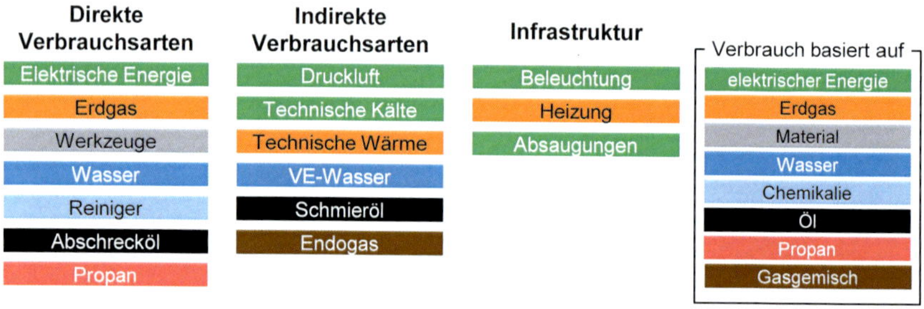

Abbildung 7.4: Gemessene Verbrauchsarten und deren Aufteilung in direkte, indirekte und infrastrukturelle Flüsse

Measured direct, indirect and infrastructural consumption types

Die Verbrauchsarten wurden unterteilt in direkte, indirekte und infrastrukturelle Verbrauchsarten. Eine grafische Darstellung der Stoffströme und deren Zuordnung zu Fertigungsschritten ist in Abbildung 4.3 ersichtlich. Die jeweilige Verbrauchsart eines gemessenen Verbrauchs ist farblich gekennzeichnet. Dies wird bei indirekten Verbräuchen wie Druckluft und technischer Kälte oder bei den infrastrukturellen Verbräuchen durch Beleuchtung und Absaugungen deutlich, für die jeweils elektrische Energie benötigt wird (grüne Markierung). Für die Erzeugung der technischen Wärme und Heizung wird Erdgas in einer werkseigenen Verbrennung verwendet (orangene Markierung).

Die unterschiedlichen Verbrauchsdaten von Werkzeugmaschinen und Anlagen wurden in den Zuständen Produktion, ausgeschaltet und Standby mit Hilfe des Leistungsmessgeräts Chauvin Arnoux 8335B gemessen [CHAU10]. Der ausgeschaltete Zustand beschreibt den Zustand, in dem die Steuerung auf externe Signale zum Hochfahren der Anlage reagieren kann, aber die sonstigen Komponenten ausgeschaltet sind. Unter Standby wird der Zustand verstanden, in dem die Maschine jederzeit die Produktion aufnehmen kann, aber beispielsweise auf Werkstücke zur Bearbeitung wartet. Die Methodik wurde von DÖBBELER ET AL. beschrieben [DÖBB14]. Mit Hilfe der Taktzeit, der Abschätzung der jeweiligen Zustände sowie deren korrespondierender elektrischer Leistungsaufnahmen wurde folgender Zusammenhang zur Berechnung der elektrischen Energie pro Prozess verwendet:

$$S_{i,Prozess} = x_p \cdot t_g \cdot P_p + x_{stdby} \cdot t_g \cdot P_{i,stdby} + x_{aus} \cdot t_g \cdot P_{aus} \quad (7.1)$$

mit $t_g = \frac{t_{takt}}{x_p}$ [s]

x_i:	Zeitanteil des Zustands i	[%]
t_g:	Gesamte zur Verfügung stehende Zeit	[s]
t_{takt}:	Taktzeit der Maschine	[s]
P_i:	Elektrische Leistungsaufnahme in Zustand i	[kW]
i:	Zustand der Maschine: p (Produktion), stdby (Standby), aus (ausgeschaltet)	[-]

Dieser Zusammenhang wurde analog für die Medien Druckluft, technische Wärme und Kälte sowie Absaugmengen verwendet, um die jeweiligen Verbräuche in den unterschiedlichen Maschinenzuständen abbilden zu können. Mit Hilfe dieser Berechnungsvorschriften wurden Verbrauchsdaten für die unterschiedlichen Verbrauchsarten bestimmt. Wie in Kapitel 5.4.1 beschrieben, wird für die gesamte Prozesskette die Ressourcenverbrauchsmatrix R bestimmt, also für jeden Prozess der Verbrauch jeder Verbrauchsart ermittelt.

$$R = \begin{pmatrix} S_{1,EE} & S_{1,DL} & S_{1,TW} & S_{1,KE} & S_{1,KSS} & \cdots & S_{1,n_{Medien}} \\ S_{2,EE} & S_{2,DL} & S_{2,TW} & S_{2,KE} & S_{2,KSS} & \cdots & S_{2,n_{Medien}} \\ \vdots & \vdots & \vdots & \vdots & \vdots & \vdots & \vdots \\ S_{n_{Prozesse},EE} & \cdots & \cdots & \cdots & \cdots & \cdots & S_{n_{Prozesse},n_{Medien}} \end{pmatrix} \quad (7.2)$$

Für die Summation der gesamten Prozesskette ergeben sich die Gesamtverbrauchsvektoren $\vec{r}_{konv}$ und $\vec{r}_{alt}$für die konventionelle Prozesskette, im Folgenden transponiert dargestellt. Die Daten sind in ihrer Höhe skaliert, so dass ein Rückschluss auf die realen Fertigungsbedingungen beim Endanwender nicht möglich ist. Diese beiden Vektoren stellen die notwendigen Informationen für die nächste Phase dar.

$$\vec{r}'_{konv} = \begin{pmatrix} S_{EE} \\ S_{DL} \\ S_{TK} \\ S_{TW} \\ S_{EG} \\ S_{W} \\ S_{VE} \\ S_{R} \\ S_{AÖ} \\ S_{Öl} \\ S_{P} \\ S_{EnG} \\ S_{H} \\ S_{AbÖ} \\ S_{Ab} \\ S_{St} \end{pmatrix} = \begin{pmatrix} 0{,}81\ kWh \\ 1{,}22\ m^3 \\ 0{,}59\ kWh \\ 0{,}24\ kWh \\ 0{,}05\ m^3 \\ 0{,}39\ L \\ 0{,}62\ L \\ 0{,}005\ L \\ 0{,}0014\ L \\ 0{,}0013\ L \\ 0{,}0006\ m^3 \\ 0{,}042\ m^3 \\ 0{,}0048\ m^3 \\ 56{,}19\ m^3 \\ 34{,}37\ m^3 \\ 0\ m^3 \end{pmatrix}, \vec{r}'_{alt} = \begin{pmatrix} S_{EE} \\ S_{DL} \\ S_{TK} \\ S_{TW} \\ S_{EG} \\ S_{W} \\ S_{VE} \\ S_{R} \\ S_{AÖ} \\ S_{Öl} \\ S_{P} \\ S_{EnG} \\ S_{H} \\ S_{AbÖ} \\ S_{Ab} \\ S_{St} \end{pmatrix} = \begin{pmatrix} 1{,}061\ kWh \\ 0{,}813\ m^3 \\ 0{,}293\ kWh \\ 0{,}096\ kWh \\ 0\ m^3 \\ 0{,}119\ L \\ 0{,}065\ L \\ 0{,}0014\ L \\ 0{,}0014\ L \\ 0\ L \\ 0\ m^3 \\ 0\ m^3 \\ 0{,}0043\ m^3 \\ 20{,}625\ m^3 \\ 41{,}25\ m^3 \\ 0{,}01\ m^3 \end{pmatrix} \quad (7.3)$$

EE: Elektrische Energie, DL: Druckluft, TK: Technische Kälte, TW: Technische Wärme, EG: Erdgas, W: Wasser, VE: VE-Wasser, R: Reiniger, AÖ: Abschrecköl, Öl: Schmieröl, P: Propan, EnG: Endogas, H: Heizung, AbÖ: Absaugung ölhaltig, Ab: Absaugung ölfrei, St: Stickstoff

Der Nutzer wird Schritt für Schritt durch die Erstellung einer Prozesskette, bestehend aus Einzelprozessen geleitet. Anschließend werden die Verbräuche pro Prozess eingegeben. Darüber hinaus können Verbräuche direkt pro Prozesskette angegeben werden, dadurch entfallen allerdings weitere Analysemöglichkeiten einzelner Fertigungsschritte.

7.3 Ausprägungsbestimmung der Kriterien

Quantification of Evaluation Criteria

Für die Bewertung der Ressourceneffizienz sind zunächst die mathematisch aus den Verbrauchsdaten bestimmbaren Bewertungskriterien zu berechnen. Direkt zu bestimmen sind nach der zuvor dargestellten Auswahl der Bewertungskriterien die Material- und Hilfsmittelkosten, der KEA (erneuerbar und nicht erneuerbar), der Verbrauch kritischer Ressourcen, die Nutzung umweltschädlicher Hilfsstoffe sowie die direkten und indirekten CO_2-Emissionen. Hierzu werden die beiden Ressourcenverbrauchsvektoren der Technologieketten mit der Ressourcenfaktorenmatrix V multipliziert:

$$W_K = \vec{r}_K \cdot V \text{ und} \quad (7.4)$$

$$W_{AK} = \vec{r}_{AK} \cdot V \quad (7.5)$$

$$\{V = (a_{j,k}) \in R^{n_{Medien} \times n_{Kriterien,direkt}}\}$$

Durch die entsprechende Wahl der Umrechnungsfaktoren $a_{j,k}$ werden alle Verbrauchsdaten in die entsprechenden Ausprägungen der Bewertungskriterien umgerechnet. Abbildung 7.5 zeigt die Eingabe der Umrechnungsfaktoren in der Softwareumgebung beispielhaft für elektrische Energie.

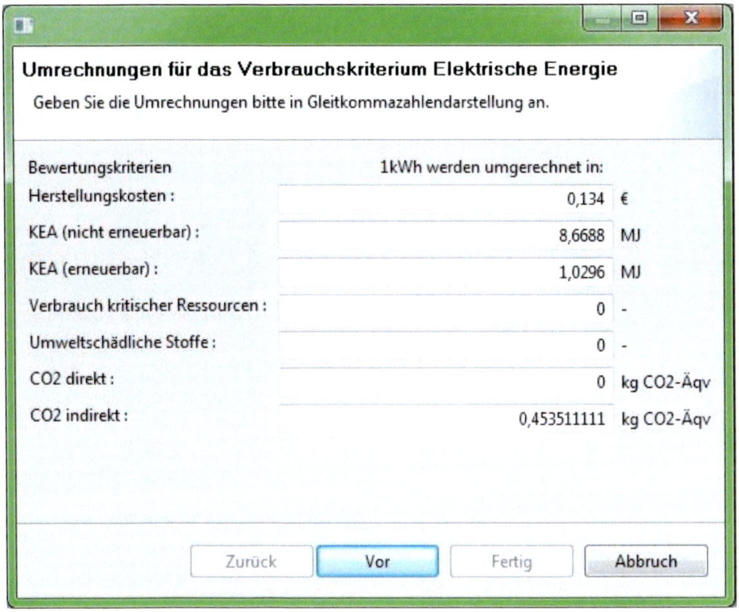

Abbildung 7.5: Eingabe der Umrechnungsfaktoren in der Softwareumgebung
Input of conversion factors in the software

Die Belegung für die Umrechnung von elektrischer Energie in die Ausprägungen der Bewertungskategorien kann gespeichert werden, damit diese Daten nur einmalig bestimmt werden müssen. Für alle weiteren in Abbildung 7.4 dargestellten Verbrauchsarten ist diese Maske ebenfalls einmalig auszufüllen. Für die Bewertung der Technologieketten zur Herstellung des Getrieberads wurden die Umrechnungsfaktoren verwendet, die im Anhang in Tabelle 10.2 bis Tabelle 10.5 aufgelistet sind.

Die Ermittlung der sowohl direkt durch Verbräuche als auch von diesen unabhängigen Ausprägungen der Bewertungskriterien beider Prozessketten wird im Folgenden erläutert. Hierbei werden die Kriterien unterteilt nach den Hauptkategorien ökonomisch, ökologisch sowie technologisch-organisatorisch.

7.3.1 Ökonomische Faktoren

Economic Factors

In diesem Kapitel wird die Bestimmung der ökonomischen Faktoren Herstellkosten, Investitionskosten und der Lebenszykluskosten beschrieben. Die Herstellkosten setzen sich aus den Material- und den Fertigungskosten K_{mat} sowie K_F zusammen. Die prozessbezogenen Material- und Hilfsstoffkosten ergeben sich aus den Verbräuchen. Durch Verwendung der Umrechnungsfaktoren und der Verbrauchsdaten ergeben sich für die beiden Technologieketten Material- und Hilfsstoffkosten

$K_{mat,prozess}$ = 0,28 € für die konventionelle bzw. $K_{mat,prozess}$ = 0,20 € für die alternative Prozesskette. Hinzu kommen die Materialkosten für das Grundmaterial $K_{mat,grund}$ abzüglich der Schrotterlöse $E_{schrott}$ des Spanmaterials. Diese zugehörigen Materialpreise wurden abgeschätzt. Da beide Prozessketten über die identischen Ausgangs- und Endzustände des Bauteils verfügen, ergeben sich beide Kosten folgendermaßen:

$$K_{mat} = K_{mat,prozess} + K_{mat,grund} - E_{schrott} \quad [€]$$
$$= K_{mat,prozess} + m_{mat} \cdot p_{mat} - m_{späne} \cdot p_{mat,schrott}$$
$$K_{mat,konv} = 0{,}28\ € + 4{,}855\ € - 0{,}36\ € = 4{,}77\ € \quad [€] \qquad (7.6)$$
$$K_{mat,alt} = 0{,}20\ € + 4{,}855\ € - 0{,}36\ € = 4{,}69\ € \quad [€]$$

p_{mat}	= 5 €/kg	[€/kg]
$p_{mat,schrott}$	= 1 €/kg	[€/kg]
m_{mat}	= 971 g	[g]
$m_{späne}$	= 367 g	[g]

Bestimmung der Fertigungskosten

Die Fertigungskosten K_F werden im Folgenden nach KLOCKE bestimmt [KLOC08, S. 375 ff.]. Sie setzen sich zusammen aus den Lohn- und Lohnnebenkosten K_L, den reinen Maschinenkosten K_M, den Werkzeugkosten K_W und den Restfertigungsgemeinkosten K_x:

$$K_F = K_L + K_M + K_W + K_x \quad [€] \qquad (7.7)$$

Die Lohn- und Lohnnebenkosten errechnen sich in Abhängigkeit von der Zeit je Einheit t_e und dem entsprechenden Lohn- und Lohnnebenkostensatz je Stunde. Der Lohnnebenkostenanteil des Arbeitgebers wird zu P_L = 19,575 % angenommen [STAT15b]. Unter Annahme einer 40-Stunden Woche und einem monatlichen Bruttogehalt eines Maschinenbedieners von 2.500 € ergibt sich ein Stundenlohn von L = 14,42 €/h.

$$K_L = K_{LH} \cdot t_e = L \cdot (1 + p_L) \cdot t_e \quad [€] \qquad (7.8)$$

K_{LH}:	Lohn- und Lohnnebenkosten je Stunde	[€/h]
t_e:	Zeit pro Einheit	[s]
L:	Stundenlohn	[€/h]
p_L:	Lohnnebenkostenanteil	[%]

Somit berechnen sich die Lohn- und Lohnnebenkosten pro Stunde zu K_{LH} = 17,24 €/h. Die Zeiten je Einheit sind für alle Einzelprozesse gegeben und führen zu den prozesskettenbezogenen Kosten durch Lohn- und Lohnnebenkosten.

$$K_{L,konv} = K_{LH} \cdot t_{e,ges,konv} = 17{,}24\frac{€}{h} \cdot 205\ s = 0{,}98\ € \qquad [€] \qquad (7.9)$$

$$K_{L,alt} = K_{LH} \cdot t_{e,ges,alt} = 17{,}24\frac{€}{h} \cdot 166\ s = 0{,}79\ € \qquad [€] \qquad (7.10)$$

Die anteiligen Werkzeugkosten werden aus den jeweiligen Prozessen bestimmt. Für die verwendeten Werkzeuge werden Abschätzungen zu ihren Preisen angenommen und Standzeiten aus den Untersuchungen verwendet. In der Standmenge des Wälzfräsers sind bereits mögliche Nachschliffe enthalten, so dass eine hohe Standzeit vorliegt. Die Preise K_{WT} sowie Standmengen n_{WT} der Werkzeuge sind in Tabelle 7.1 aufgelistet.

Tabelle 7.1: Abgeschätzte Werkzeugpreise und -standmengen
Estimated tool costs and tool life

	WSP 1	**WSP 2**	**Wälz-fräser**	**Entgrat-werkzeug**	**Stoß-werkzeug**	**Schleif-werkzeug**
Werkzeug-kosten K_{WT} / €	6	6	2.000	2.000	1.500	800
Standmenge n_{WT} / Stk.	350	350	116.000	130.000	4.000	4.500

Nach Absprache mit dem Getrieberadhersteller werden nicht die realen Werkzeugpreise angegeben, diese orientieren sich allerdings an den zu erwartenden Größenordnungen. Die gesamten Werkzeugkosten K_W ergeben sich auf Basis der gezeigten Daten zu:

$$K_W = \sum_{i=1}^{n_{WZG}} \frac{K_{WT,i}}{n_{WT,i}} = 0{,}62\ € \qquad [€] \qquad (7.11)$$

Die Maschinenkosten K_M werden als Produkt aus dem Maschinenkostensatz K_{MH} und der Zeit pro Einheit t_e bestimmt.

$$K_M = K_{MH} \cdot t_e \qquad [€] \qquad (7.12)$$

Der Maschinenstundensatz K_{MH} errechnet sich nach KLOCKE aus den kalkulatorischen Abschreibungen K_A, den kalkulatorischen Zinsen K_Z, den Instandhaltungskosten K_I, den Raumkosten K_R und den Energiekosten sowie der Maschinenlaufzeit T_N [KLOC08, S. 383]. Da die Energiekosten bereits über die Verbrauchsmaterialien bestimmt wurden, entfallen diese in der Berechnungsformel (7.13).

$$K_{MH} = \frac{K_A + K_Z + K_I + K_R}{T_N} \qquad [€] \qquad (7.13)$$

Es wird von einem 2-Schicht-Betrieb ausgegangen, so dass eine Maschinenlaufzeit von T_N = 3200 h/a angenommen wird. Die Instandhaltungskosten sowie Raumkosten sind nicht abschätzbar und werden für die Technologiekettenalternativen als identisch angenommen. Die kalkulatorischen Kosten setzen sich zusammen aus dem Anschaffungswert K_{AW} einer Maschine und ihrem Verkaufserlös K_{VE} sowie der Laufzeit der Anlage t.

$$K_A = \frac{K_{AW} - K_{VE}}{t} \qquad [€] \qquad (7.14)$$

Die kalkulatorischen Zinsen K_Z können mittels des Zinssatzes pro Jahr i nach Formel (7.15) berechnet werden:

$$K_Z = \left(K_{VE} + \frac{K_{AW} - K_{VE}}{2}\right) \cdot i \cdot t = \frac{K_{AW} + K_{VE}}{2} \cdot i \cdot t \qquad [€] \qquad (7.15)$$

Für die verwendeten Maschinen werden die in Tabelle 7.2 angegebenen Kostensätze abgeschätzt. Es ergeben sich die gelisteten Maschinenstundensätze K_{MH}.

Tabelle 7.2: Abgeschätzte Kostensätze für Bearbeitungsmaschinen und Anlagen inkl. berechnetem Maschinenstundensatz K_{MH}

Estimated cost factors for machine tools and machines including the calculated machine-hour rate K_{MH}

Maschine	**K_{AW} / k€**	**K_{VE} / k€**	**t / a**	**i / %**	**K_{MH} / €**
Bearbeitungszentrum Drehen, Wälzfräsen, Entgraten	1.200	250	15	4	155
Stoßmaschine	850	200	15	4	111
Waschmaschine	500	100	15	4	64
Wärmebehandlung konventionell	3500	600	20	4	557
Wärmebehandlung alternativ	4000	700	20	4	639
Schleifmaschine Innen	500	120	15	4	66
Schleifmaschine Außen	500	120	15	4	66
Waschmaschine	500	100	15	4	64

In Absprache mit dem Hersteller des Getrieberads sind keine expliziten Maschinenkosten und -typen angegeben. Mit diesen Kostensätzen lassen sich die Maschinenkosten für die Prozesskette auf Basis der jeweiligen Prozesszeiten berechnen:

$$K_M = \sum_{i=1}^{n_{prozesse}} K_{MH,i} \cdot t_{e,i} \qquad [€] \qquad (7.16)$$

$t_{e,i}$:	Zeit pro Einheit des Prozessschritts i	[s]
$K_{M,konv}$	= 6,08 €	[€]
$K_{M,alt}$	= 5,56 €	[€]

Die Restfertigungsgemeinkosten K_x werden im vorliegenden Beispiel nicht weiterverwendet, da sie für beide Alternativen in gleicher Größenordnung anfallen würden. Die Fertigungskosten ohne Restfertigungsgemeinkosten für beide Prozessketten summieren sich auf folgende Werte:

$$\begin{aligned} K_{F,konv} &= K_L + K_M + K_W && [€] \\ &= 0{,}98\,€ + 6{,}08\,€ + 0{,}62\,€ \\ &= 7{,}68\,€ \\ K_{F,alt} &= 0{,}79\,€ + 5{,}56\,€ + 0{,}62\,€ && [€] \\ &= 6{,}97\,€ \end{aligned} \qquad (7.17)$$

Bestimmung der Investitionskosten

Mit den in Tabelle 7.2 abgeschätzten Investitionskosten ist die Ausprägung des weiteren Bewertungskriteriums Investitionskosten zu bestimmen. Es wird davon ausgegangen, dass für infrastrukturelle Anlagen wie Drucklufterzeugung, Heizung, Beleuchtung, Kühlung und technische Wärme keine Investitionen getätigt werden müssen, sondern die entsprechenden Anlagen verfügbar sind. Es ergeben sich Investitionskosten von $K_{invest,konv}$ = 7.550.000 € bzw. $K_{invest,alt}$ = 8.050.000 €.

Bestimmung der Lebenszykluskosten

Die Material- und Fertigungskosten sind zuvor hergeleitet worden. Darüber hinaus sind die Investitionskosten sowie Lebenszykluskosten zu bestimmen. Die Lebenszykluskosten setzen sich vereinfacht aus den Investitionskosten, den Betriebskosten während der Nutzung und dem Verkaufserlös am Ende der Nutzungsdauer zusammen. Diese Bestandteile folgen der Vorgehensweise der DIN EN 60300-3-3 [DIN60300]. Das jährliche Produktionsvolumen des Getrieberads beträgt laut Herstellerauskunft in etwa P_a = 100.000 Stk./a [DÖBB14]. Es wird davon ausgegangen, dass die Technologiekette für t = 15 Jahre verwendet wird. Diese Dauer überschreitet die Produktionsdauer des Getrieberads, es ist allerdings davon auszugehen, dass ein Großteil der Technologiekette auch für die Folgegeneration eingesetzt wird. In jedem Fall ist von einer Nutzungsdauer der Einzelmaschinen von mindestens 15 Jahren auszugehen. Es werden die zuvor bestimmten Größen für die Berechnung der Lebenszykluskosten verwendet, also Investitionskosten, Fertigungs- sowie Materialkosten und Verkaufserlöse der Maschinen.

Für die Bestimmung der Lebenszykluskosten wird die Kapitalbarwertmethode verwendet. Diese basiert auf der betriebswirtschaftlichen Vorgehensweise, dass zukünftige Zahlungen geringere finanzielle Gegenwerte aufweisen, als heutige. Es wird nach dem in Kapitel 4.3 beschriebenen Diskontierungsansatz verfahren. Die Lebenszykluskosten werden berechnet nach Formel (7.18).

$$K_{LZ} = -K_{invest} - \frac{K_{VE}}{(1+i)^t} + \sum_{k=1}^{t} \frac{\left(K_{mat} \cdot (1+q_{mat})^k + K_L \cdot (1+q_L)^k + K_M + K_W \cdot (1+q_W)^k\right)}{(1+i)^k} \quad [€] \qquad (7.18)$$

q_{mat}:	Steigerung der Materialkosten pro Jahr	[% p.a.]
q_L:	Steigerung der Lohnkosten pro Jahr	[% p.a.]
q_W:	Steigerung der Werkzeugkosten pro Jahr	[% p.a.]
i:	Diskontierungssatz (Zins)	[%]
k:	Jahr k	[-]
t:	Nutzungsdauer	[a]

Es wird davon ausgegangen, dass die Lohnkosten um q_L = 1,75 % p.a., die Materialkosten um q_{mat} = 1 % p.a. und die Werkzeugkosten um q_w = 1 % p.a. steigen. Die Maschinenkosten sind bedingt durch Investitionskosten, Verkaufserlös und kalkulatorische Größen, verändern sich also im Verlauf der Zeit aus Sicht der Planung nicht. Bei einem Diskontierungssatz von i = 4 % ergeben sich die Lebenszykluskosten K_{LZ} für die beiden Alternativen wie folgt.

$$K_{LZ,konv} = 21.170.576 \text{ €} \quad [€] \qquad (7.19)$$

$$K_{KZ,alt} = 20.700.864 \text{ €} \quad [€] \qquad (7.20)$$

Es zeigt sich, dass trotz eines höheren Investitionsvolumens durch eine leicht höheren Verkaufserlös und vor allem durch die geringeren Betriebskosten die alternative Technologiekette in einer Lebenszyklusbetrachtung bezüglich der Kosten bevorteilt ist.

Bestimmung der Amortisationszeit

Zur Nutzung der Amortisationszeit wurden die kumulierten, diskontierten Zahlungsströme analysiert und für die Alternative wurde eine Amortisationszeit von 8 Jahren bestimmt. Ab diesem Zeitpunkt ist bei einer Neuinvestition die Alternative vorteilhaft gegenüber der konventionellen Technologiekette. Aus diesem Grunde wird für die konventionelle Prozesskette eine Amortisationszeit von 0 Jahren angenommen, da diese bis zum 8. Jahr finanziell vorteilhaft ist. Die Anwendung des Bewertungskriteriums Amortisationszeit besteht bei Mehrinvestitionen einzelner Alternativen im Vergleich zu anderen. Beispielsweise sind energiesparende Komponenten oder Zusatzpakete an Werkzeugmaschinen erhältlich, die höhere Investitionskosten bei geringeren Betriebskosten in Folge verringerten Verbrauchs verursachen.

7.3.2 Ökologische Faktoren

Ecological Factors

Zur Bestimmung der ökologischen Kennzahlen KEA (erneuerbar und nicht erneuerbar) sowie der direkten und indirekter CO_2-Emissionen wurden aus der Probas-Datenbank die entsprechenden ökologischen Wirkungen der jeweiligen Verbrauchsarten entnommen und exemplarisch in der Software verwendet [BMUB15]. Die Umrechnungsfaktoren finden sich in den Tabelle 10.2 bis Tabelle 10.5 im Anhang dieser Arbeit. Für die exemplarische Anwendung werden Schmieröle als Materialien mit kritischer Verfügbarkeit und Reiniger als umweltschädliche Hilfsstoffe definiert, um das Vorgehen zu demonstrieren. Für diese beiden Stoffe und Kategorien ergeben sich die Umrechnungsfaktoren folgendermaßen:

$$a_{Öl,k} = \begin{cases} 1, falls\ k = Materialien\ kritischer\ Verfügbarkeit \\ 0, ansonsten \end{cases} \quad [-] \quad (7.21)$$

$$a_{R,k} = \begin{cases} 1, falls\ k = Umweltschädliche\ Hilfsstoffe \\ 0, ansonsten \end{cases} \quad [-] \quad (7.22)$$

Somit können Verbrauchsarten unterschiedlichen Bewertungskategorien zugeordnet und automatisch verrechnet werden. Die automatisiert erzeugten Ausprägungen von Bewertungskriterien sind in Tabelle 7.3 für beide Technologiekettenalternativen aufgelistet.

Tabelle 7.3: Direkt aus Verbrauchsdaten bestimmte Ausprägungen von ökologischen Bewertungskriterien für die konventionelle und alternative Prozesskette

Values of ecological criteria directly determined from consumption data for the conventional and alternative process chain

	Konventionell	**Alternativ**
KEA (erneuerbar) / MJ	1,689	1,73
KEA (nicht erneuerbar) / MJ	15,31	13,40
Verbrauch kritischer Ressourcen	0,014	0,0015
Umweltschädliche Stoffe	0,0048	0,0015
Direkte CO_2-Emissionen / g CO_2-Äqv.	0,53	0,20
Indirekte CO_2-Emissionen / g CO_2-Äqv.	658,5	620,14

Das Grundmaterial selbst ist im KEA nicht enthalten, da es bei beiden Prozessketten gleichermaßen identische Auswirkungen hätte und lediglich die Ausprägungen in ihrer Höhe verschieben würde. Die Bewertungskennzahl Prozesseffizienz nach STIENS als Maß für die Effizienz eines Einzelprozesses ist für beide Prozesskettenalternativen zu bestimmen [STIE00]. Die Prozesseffizienz η ist für jeden Prozess definiert als ideeller KEA pro realem KEA:

$$\eta = \frac{KEA_{ideell}}{KEA_{real}} \in [0,1] \in R \qquad [\%] \qquad (7.23)$$

Der ideelle kumulierte Energieaufwand kann über mechanische und thermische Grundmechanismen beschrieben werden und wird als der beste physikalisch mögliche KEA verstanden. Die Prozesseffizienz wird im vorliegenden Beispiel nicht definiert für die Reinigungsprozesse, da hier keine eindeutige Zuordnung von mechanischen und thermischen Grundvorgängen vorgenommen werden kann. Da sich der Energie- und Materialaufwand für die Waschprozesse in der Prozessketteneffizienz niederschlägt, wird dieser Kennwert für die Bewertung der Alternativen verwendet, also nicht pro Prozess, sondern nur für die gesamte Technologiekette bestimmt. So hat auch der Wegfall eines Waschprozesses in der alternativen Prozesskette eine positive Auswirkung auf diesen Kennwert. Die Prozessketteneffizienz ist definiert als:

$$\eta_{PK} = \frac{\sum_{i=1}^{n_{Prozesse}} KEA_{ideell,i}}{\sum_{i=1}^{n_{Prozesse}} KEA_{real,i}} \qquad [\%] \qquad (7.24)$$

η_{PK}: Prozessketteneffizienz [%]

Es ist also für jeden Prozess der Wert KEA_{ideell} zu bestimmen und für die gesamte Fertigungskette aufzusummieren. Für Zerspanprozesse bietet sich ein Ansatz an, der auf dem Volumen an zerspantem Material basiert. Es wird pro Volumen eine bestimmte Menge an Energie auf Basis der Prozesskräfte definiert, die als physikalisches Minimum und ohne Einbeziehung der Maschinenenergie verstanden werden kann. Dieser Ansatz folgt der Logik von KLOCKE ET AL. sowie GUTOWSKI ET AL. [KLOC14A; GUTO06]. Es ergibt sich auf Basis von für 20MoCr4 realistischen Zerspankraftkomponenten für die Dreh- und Fräsbearbeitung der spezifische elektrische Energiebedarf von E_{spez} = 1,95 kJ/cm³. Die Berechnung ist im Anhang in Formel (10.6) dargelegt. Mit dem zuvor angenommenen Umrechnungsfaktor ergibt sich für alle Zerspanoperationen mit definierter Schneide ein KEA_{ideell} = 248,29 kJ. Für Schleifprozesse ist ein ähnlicher Ansatz auf Basis der Prozesskräfte ebenfalls zielführend. Nach AURICH ET AL. ergibt sich die spezifische Energie zu E_{spez} = 35 kJ/cm³ und somit unter Berücksichtigung des zerspanten Volumens der KEA_{ideell} = 348,2 kJ/cm³ [AURI13].

Für die Wärmebehandlung wird als thermische Grundenergie die notwendige Energie zur Erwärmung des Bauteils von 20 °C auf eine Temperatur von etwa 900 °C, die für das Härten notwendig ist, sowie eine erneute Aufheizung von 20 °C auf eine Temperatur von 200 °C für das Anlassen angenommen. Folgender Formelzusammenhang führt zum $KEA_{Vergüten}$:

$$KEA_{Vergüten} = (c_p \cdot m \cdot \Delta T_{Härten} + c_p \cdot m \cdot \Delta T_{Anlassen}) \cdot KEA_{Heizen} \qquad [MJ] \qquad (7.25)$$

c_p:	Spezifische Wärmekapazität von Stahl, $c_{p,20MoCr4} = 432 \frac{J}{kg \cdot K}$	$[\frac{J}{kg \cdot K}]$
m:	Masse des Werkstücks	[kg]
ΔT:	Temperaturdifferenz für das Härten bzw. Anlassen	[K]
KEA_{Heizen}:	KEA zum Heizen für 1 J je nach Erzeugungsart	[MJ]

Für die Bereitstellung der Heizenergie wird in der konventionellen Technologiekette Erdgas verwendet, in der alternativen Kette elektrische Energie. Da Erdgas unter Berücksichtigung der Erzeugungsenergie (KEA) eine höhere Effizienz für das Heizen aufweist, wird als Basis für den ideellen Energieaufwand Erdgas verwendet. Da an dieser Stelle keine reale Verwendung festgelegt wird und lediglich der ideelle KEA bestimmt werden soll, ist diese Vorgehensweise angemessen. Es ergibt sich der ideelle $KEA_{Vergüten}$ = 23,81 kJ.

Insgesamt folgt unter Berücksichtigung aller zerspanenden Prozesse und der Wärmebehandlung der KEA_{ideell} = 620,3 kJ. Für die konventionelle Prozesskette folgt hieraus eine Prozesseffizienz η_{konv} = 3,67 % und für die alternativen Prozesskette η_{alt} = 4,11 %. Obwohl die Prozesseffizienz für beide Prozessketten geringe Werte annimmt und auf wenig effiziente Prozesse hinweist, sind die Werte wegen des gleichen Bezugs zum ideellen KEA für eine Alternativenbewertung geeignet. Der KEA_{ideell} ist wie zuvor beschrieben auf Basis physikalisch minimaler Verbräuche bestimmt worden und stellt den Energiebedarf rein zur Substraktion des Materials vom Halbzeug sowie für die Erwärmung des Bauteils in der Wärmebehandlung dar. Weitere Verbräuche durch Hilfs- und Betriebsstoffe, Waschprozesse oder Handling, die im tatsächlich gemessenen KEA enthalten sind, finden sich im KEA_{ideell} nicht wieder.

7.3.3 Technologisch-organisatorische Faktoren

Technological-organisational Factors

Faktoren, die weder ökonomischen oder ökologischen Bezug aufweisen, sind der technologisch-organisatorischen Kategorie zuzuordnen. Im speziellen Anwendungsfall wird davon ausgegangen, dass die Flexibilität und Qualität bei beiden Technologieketten gleichermaßen gewährleistet sind und keine Veränderungen auftreten. Lediglich die Durchlaufzeit verringert sich bei der alternativen Prozesskette durch die Verfahrensintegration im ersten Prozessschritt signifikant, so dass diese Zeit explizit zu bewerten ist. Die Einbeziehung von Lagerzeiten der Bauteile innerhalb der Durchlaufzeit wird in dieser Arbeit nicht eingebunden, da diese Größen für beide Technologieketten im untersuchten Beispiel als gleich anzunehmen sind. Dementsprechend wird die Durchlaufzeit als Summe der Taktzeiten der Fertigungsschritte angenommen und ergibt sich zu folgenden, für die Bewertung relevanten Größen.

$DLZ_{konv} = 205\ s$ [s]

$DLZ_{alt} = 166\ s$ [s]

Bei wesentlichen, verfahrenstechnischen Änderungen, die auch eine Qualitätsveränderung der Erzeugnisse hervorrufen, sind die technologisch-organisatorischen Faktoren höher zu gewichten und zu bewerten. In der vorliegenden Arbeit liegt der Fokus der Untersuchungen auf den ökonomischen und ökologischen Faktoren, so dass die Berücksichtigung der Durchlaufzeit zur Vorstellung des Bewertungsmodells ausreichend ist.

7.3.4 Ergebnisse der Ausprägungsbestimmung

Results of the Criteria Quantification

Nach Bestimmung aller Verbrauchsfaktoren sowie verbrauchsunabhängiger Bewertungsgrößen erfolgt die Ausprägungsbestimmung für beide Bewertungsverfahren.

Ausprägungsbestimmung für TOPSIS

Das TOPSIS-Verfahren bietet sich an, um eine absolute Einordnung von Alternativen innerhalb festgelegter Grenzen durchzuführen. Das Verfahren bestimmt letztendlich den euklidischen Abstand der Ausprägungen im Raum der Alternativen zur idealen, aber fertigungstechnisch nicht zwingend erreichbaren Best-Case-Alternative. Die Best- und Worst-Case-Grenzen σ^+ und σ^- sind für jedes Kriterium zu bestimmen. In Tabelle 7.4 sind die entsprechenden Grenzen für die Bewertungskriterien aufgelistet. Diese Grenzen sind auf Basis der zu erwartenden Möglichkeiten und Expertenabschätzungen definiert. Bei einigen Kostenkriterien wie den Herstell-, Investitions- und Lebenszykluskosten sind für die Best-Case-Alternative konkrete Werte und keine Nullpunkte gewählt. Eine zu große Bandbreite an möglichen Ergebnissen verfälscht das Ergebnis ebenso wie eine zu geringe Wahl der Bandbreite. Durch eine falsche Wahl einer minimalen Grenze und einer nachfolgenden Unterschreitung dieser Grenze, beispielsweise durch ein neuartiges Fertigungsverfahren, ergibt sich die Notwendigkeit, die Grenze erneut zu setzen und bereits vollendete Bewertungen erneut durchzuführen. Minimale Aufwände können darüber hinaus auf Basis mechanischer und thermischer Grundprinzipien berechnet werden, um die minimalen Grenzen zu identifizieren. Eine derartige Vorgehensweise verringert den Geltungsbereich der Ausprägungen und die Bewertung wird auf ein angepasstes Intervall eingestellt.

Tabelle 7.4: Best- und Worst-Case-Grenzen für das TOPSIS-Verfahren im exemplarischen Anwendungsfall

Best and worst case boundaries for the TOPSIS method for the exemplary application

Bewertungskriterium	Best-Case	Worst-Case
Herstellkosten / €/Stk.	6	9
Investitionskosten / €	6.500.000	15.000.000
Lebenszykluskosten / €	15.000.000	30.000.000
Amortisationszeit / a	0	10
KEA (nicht erneuerbar) / MJ	0	20
KEA (erneuerbar) / MJ	0	2
Prozesseffizienz / %	20	0
Verbrauch kritischer Ressourcen / -	0	0,02
Umweltschädliche Stoffe / -	0	0,005
Direkte CO_2-Emissionen / kg CO_2-Äqv.	0	0,002
Indirekte CO_2-Emissionen / kg CO_2-Äqv.	0	1
Durchlaufzeit / s	100	300

Unter Berücksichtigung aller zuvor bestimmten Ausprägungen der Bewertungskriterien beider Alternativen ergibt sich die gewichtete, normierte Entscheidungsmatrix U:

$$U = \begin{pmatrix} 0{,}143 & 0{,}251 \\ 0{,}168 & 0{,}157 \\ 0{,}051 & 0{,}053 \\ 0{,}008 & 0{,}040 \\ 0{,}005 & 0{,}007 \\ 0{,}001 & 0{,}001 \\ 0{,}004 & 0{,}004 \\ 0{,}001 & 0{,}002 \\ 0{,}001 & 0{,}014 \\ 0{,}044 & 0{,}054 \\ 0{,}020 & 0{,}023 \\ 0{,}038 & 0{,}054 \end{pmatrix} \begin{matrix} \text{Herstellkosten} \\ \text{Investitionskosten} \\ \text{Lebenszykluskosten} \\ \text{Amortisationszeit} \\ \text{KEA (nicht erneuerbar)} \\ \text{KEA (erneuerbar)} \\ \text{Prozesseffizienz} \\ \text{Verbrauch kritischer Ressourcen} \\ \text{Umweltschädliche Stoffe} \\ \text{Direkte CO}_2\text{-Emissionen} \\ \text{Indirekte CO}_2\text{-Emissionen} \\ \text{Durchlaufzeit} \end{matrix} \tag{7.26}$$

Diese Matrix ist in Bezug auf die Grenzwerte der Best- und Worst-Case-Alternativen normiert und wird mit Hilfe der in Kapitel 6 gezeigten mathematischen Zusammenhänge in die TOPSIS Bewertung überführt.

Ausprägungsbestimmung für PROMETHEE

Zur Anwendung des PROMETHEE-II-Verfahrens müssen die zu Grunde liegenden Präferenzfunktionen definiert werden. Abbildung 7.6 zeigt die für das vorliegende

Beispiel ausgewählten Präferenzfunktionen. Es sind jeweils die Funktionstypen sowie deren Einstellparameter q, r, s und t dargestellt. Die Bedeutung dieser Parameter ist in Kapitel 6.1.2 erläutert.

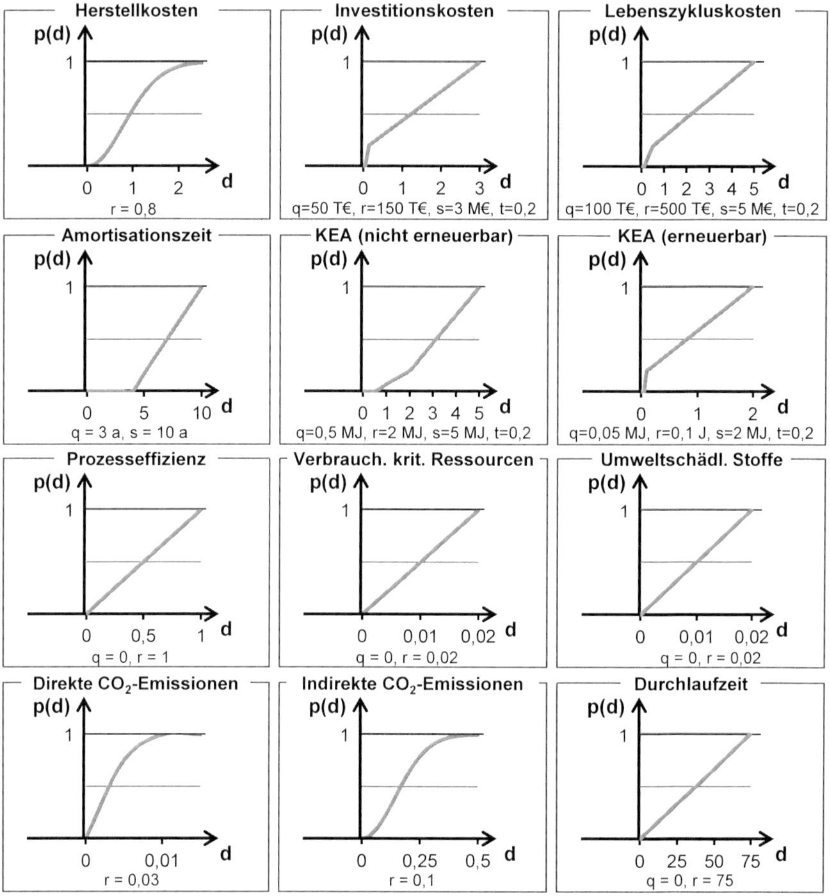

Abbildung 7.6: Ausgewählte Präferenzfunktionen des PROMETHEE II-Verfahrens
Chosen preference functions for the PROMETHEE II-approach

Für die als am wichtigsten bewerteten Kriterien wurde aus Gründen der Stabilität der Methode das Gaußsche Kriterium verwendet. Somit wird bei geringen Abweichungen eine nur geringe Präferenz erreicht, während bei steigenden Abweichungen eine sehr starke Präferenz vorliegt. Bei den Investitions- und Lebenszykluskosten wurde ein Indifferenzbereich eingebunden. Kleine Abweichungen sollen bei diesen Kennzahlen nicht zu Präferenz führen, da sie Abschätzungen unterliegen. Alle Kriterien wurden unter Berücksichtigung ihrer Größenordnung und der Alternativen auf Basis von Expertenschätzungen vorgenommen. Die maximalen Abweichungen, die mit Hilfe der Präferenzfunktionen zugelassen werden und bei Überschreitung zu direkter Präferenz führen, basieren auf den in Kapitel 7.4.1 definierten Grenzen für das TOPSIS-Verfahren und den jeweiligen Ausprägungen der beiden Technologieketten-alternativen. Nach Auswahl der Präferenzfunktionen für jedes Kriterium, erfolgt die Berechnung der Dominanz der jeweiligen Alternativen untereinander. Für jedes Kriterium wird die Abweichung zweier Alternativen bestimmt und mit Hilfe der gezeigten Funktionen die Präferenz einer Prozesskette ermittelt.

Die Präferenz wird mit dem globalen Gewicht $\omega_{k,global}$ der jeweiligen Kategorie k multipliziert und es ergibt sich die gewichtete Präferenzmatrix P, die die Vergleiche aller Alternativen miteinander beinhaltet. Im vorliegenden Fall mit zwei Alternativen stellt die erste Spalte die Dominanz der konventionellen Prozesskette gegenüber der alternativen dar, wobei die zweite Spalte die Dominanz der alternativen Prozesskette enthält, vgl. Formel (7.27).

$$P = \begin{pmatrix} 0 & 0{,}158 \\ 0{,}057 & 0 \\ 0 & 0{,}0159 \\ 0{,}029 & 0 \\ 0 & 0{,}0039 \\ 0 & 0 \\ 0 & 9 \cdot 10^{-5} \\ 0 & 0{,}001 \\ 0 & 0{,}006 \\ 0 & 3 \cdot 10^{-4} \\ 0 & 0{,}004 \\ 0 & 0{,}042 \end{pmatrix} \begin{matrix} \text{Herstellkosten} \\ \text{Investitionskosten} \\ \text{Lebenszykluskosten} \\ \text{Amortisationszeit} \\ \text{KEA (nicht erneuerbar)} \\ \text{KEA (erneuerbar)} \\ \text{Prozesseffizienz} \\ \text{Verbrauch kritischer Ressourcen} \\ \text{Umweltschädliche Stoffe} \\ \text{Direkte } CO_2\text{-Emissionen} \\ \text{Indirekte } CO_2\text{-Emissionen} \\ \text{Durchlaufzeit} \end{matrix} \tag{7.27}$$

$$\left\{P = \left(p\left(d_k(i,j)\right)\right) \in R^{n_{Kriterien} \times n_{Alternativenvergleiche}}\right\}$$
$$\text{mit } n_{Alternativenvergleiche} = \frac{n^2 - n}{2} \tag{7.28}$$

P:	Gewichtete Präferenzmatrix	
$p(d_k(i,j))$:	Präferenz der Alternative i gegenüber der Alternative j	[-]

7.4 Bewertung der Alternativen und Entscheidung

Evaluation of Alternatives and Decision

Für das vorgestellte Beispiel sind die Schritte der Bestimmung und Gewichtung der Bewertungskriterien sowie die Bestimmung der Ausprägungen der Kriterien unter anderem auf Basis der technologiekettenbedingten Verbräuche für beide Technologiekettenalternativen erfolgt. Im Folgenden werden die beiden Bewertungsverfahren TOPSIS und PROMETHEE II verwendet, um die Auswahl einer Alternativen zu unterstützen.

7.4.1 Anwendung des TOPSIS-Verfahrens

Application of the TOPSIS-Method

Mit Hilfe der bestimmten Ausprägungen werden die euklidischen Abstände der jeweiligen Ausprägungen der Bewertungskriterien beider Alternativen berechnet. Es ergeben sich folgende TOPSIS-Indizes, also die relativen Abstände zur Worst-Case-Alternative, vgl. Tabelle 7.5.

Tabelle 7.5: Relative Abstände der Alternativen zur Worst-Case-Alternative
Relative distances of alternatives to the worst-case alternative

Alternative	Relativer Abstand zur schlechtesten Alternative ξ
Konventionell	0,45
Alternativ	0,63

Diese TOPSIS-Indizes deuten bei höheren Werten eine Vorteilhaftigkeit an, da der Abstand von der Worst-Case-Alternativen größer ist. In diesem Falle ist bei Bewertung aller Kriterien die Vorteilhaftigkeit der alternativen Prozesskette gegeben. Um diese Bewertung nachvollziehen und interpretieren zu können, wird eine Analyse untergeordneter Kennzahlen benötigt. Während alle Einzelausprägungen auf unterschiedlichen Ebenen des Kennzahlenbaums analysiert werden können, ist eine Ansicht über die Anteile der Bewertungsgrößen aller Bewertungskriterien pro Alternative zielführend, um eine Ursachenanalyse zu betreiben. Abbildung 7.7 zeigt diese Anteile der Kriteriumsausprägungen beider Alternativen in der entwickelten Softwarelösung. Im linken Bereich sind die Auswahlmöglichkeiten für die Auswertung wählbar. Es sind das zu Grunde liegende Bewertungsverfahren, also TOPSIS oder PROMETHEE, das Produkt, ein Prozessketten- und Bewertungskriterienset sowie die mit dem AHP definierte Gewichtung der Bewertungskriterien auszuwählen. Darüber hinaus ist es möglich, Zukunftsszenarien berechnen zu lassen. Den Sets an Prozessketten und Bewertungskriterien liegt eine Vorauswahl von zu vergleichenden Prozessketten bzw. Kriterien zu Grunde. Unterschiedliche Bewertungskriteriensets und Kriteriengewichtungen erlauben die eingegebenen Verbrauchs- und Prozesskettendaten mit unterschiedlichen Sichtweisen zu analysieren. Beispielsweise werden aus Sicht des Controllings andere Kriterien ausgewählt oder ökonomische Kriterien stärker gewichtet als aus Sicht der Technologieplanung. Diese Gewichtungen werden gespeichert und können jederzeit aufgerufen werden.

In der vorliegenden Darstellung sind sowohl die Alternativen als auch die jeweiligen Anteile der Bewertungskriterien miteinander vergleichbar. Durch die Normierung auf alle zu Verfügung stehenden Alternativen (vgl. Kapitel 6.1.3) werden gleiche Ausprägungen bei Bewertungskriterien gleichwertig dargestellt. Da die globale Gewichtung der Bewertungskriterien ebenfalls enthalten ist, ist ein gleichzeitiger Vergleich von Kriterien und Alternativen möglich. In diesem Falle zeigt sich, dass vor allem durch die geringeren Herstellkosten die alternative Prozesskette bevorzugt wird. Ebenfalls bevorteilen die geringen Lebenszykluskosten, die Durchlaufzeit und eingesetzte umweltschädliche Stoffe die alternative Technologiekette.

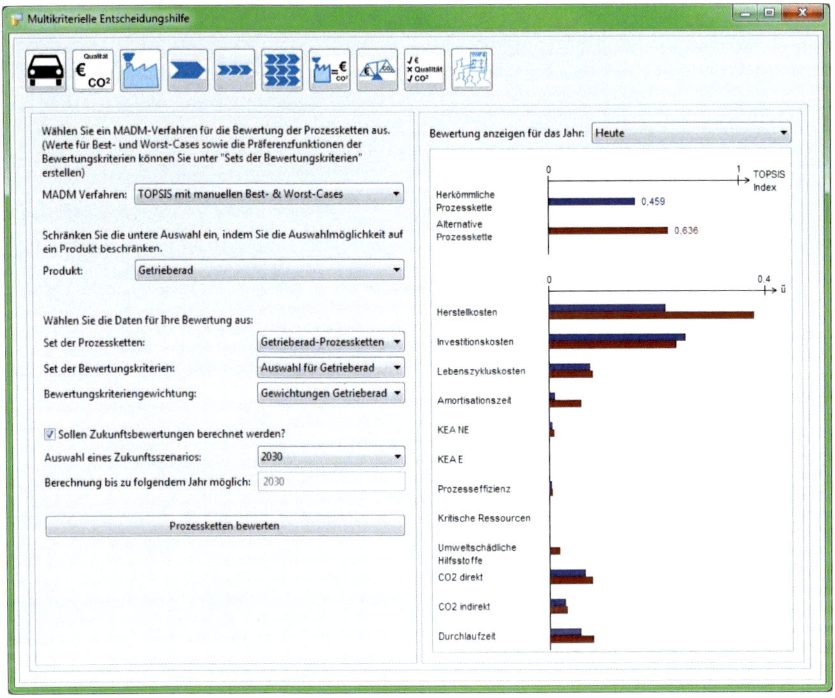

Abbildung 7.7: Normierte, gewichtete Anteile der Kriterienausprägungen beider Technologiekettenalternativen in der Softwarelösung

Normalised, weighted shares of criteria values of both technology chain alternatives visualized in the software solution

Die Fokussierung der vorherigen Gewichtung der Bewertungskriterien auf ökonomische Faktoren sowie die CO_2-Emissionen als anerkannte Repräsentation der ökologischen Auswirkung von Technologieketten ist in der Darstellung der Anteile der Gesamtbewertung erkennbar. Eine derartige Darstellung ist nun weiter in alle Prozessschritte aufteilbar, wobei Bewertungskriterien, die auf Prozesskettenebene bestimmt werden, nicht auf die Prozessschritte aufgeteilt werden können. Die Analyse ist demnach wie zuvor dargestellt auf Basis der Bewertungskriterien durchzuführen. Mit Hilfe des abgewandelten TOPSIS-Ansatzes lassen sich Prozesskettenalternativen nachvollziehbar und analysierbar bewerten. Die jeweiligen Hauptverursacher einer positiven oder negativen Bewertung einer Alternative im Verhältnis zu einer anderen Alternative ist durch die Möglichkeit der Verteilungsdarstellung eindeutig zu identifizieren, und Potenziale einzelner Alternativen können abgeleitet werden.

In diesem Falle wird die alternative Prozesskette zwar auf Basis der Bewertung bevorzugt, aber die Lebenszykluskostenanalyse zeigt auf, dass eine Substitution der konventionellen Prozesskette auf Basis der Bewertung nicht zielführend ist. Hierfür sind die Investitionskosten zu hoch. Für eine fiktive Neuplanung ergibt sich allerdings eindeutig, dass die alternative Prozesskette zu wählen ist. Dieses Ergebnis zeigt sich auch im folgenden PROMETHEE Ansatz.

7.4.2 Anwendung des PROMETHEE II-Verfahrens

Application of the PROMETHEE II-Method

Unter Verwendung der dargestellten Präferenzfunktionen und der zuvor bestimmten Gewichtungen der Bewertungskriterien ergibt sich die Bewertung nach dem PROMETHEE II-Ansatz. In Abbildung 7.8 sind die Dominanzwerte in Form der gewichteten Eingangsflüssen F^{+} gegenüber der jeweils anderen Alternative visualisiert. Diese Darstellung kann ebenfalls für eine Vielzahl an Alternativen verwendet werden. Im vorliegenden Fall ist lediglich ein Dominanzwert pro Bewertungskategorie aufgezeigt, da nur eine andere Alternative vorhanden ist. Es ist anhand der farblichen Darstellung leicht erkennbar, in welchem Kriterium welche Alternative andere Alternativen in welchem Ausmaß dominiert. Der PROMETHEE-Ansatz bietet den Vorteil, dass Dominanzen angezeigt werden und somit Vorteilhaftigkeiten direkt zu Kriterien zugeordnet werden können, um Potenziale zu identifizieren sowie eine tiefgehende Ursachenanalyse durchzuführen.

Das PROMETHEE II-Verfahren kommt zu einem ähnlichen Bewertungsergebnis wie der TOPSIS Ansatz. Die alternative Prozesskette dominiert die konventionelle deutlich in den Herstellkosten, der Durchlaufzeit sowie den Lebenszykluskosten und der Primärenergie (KEA), während die konventionelle Alternative in Amortisationszeit und Investitionskosten dominiert. In Summe ergeben sich die Nettoflüsse F(konventionell) = -0,144 und F(alternativ) = 0,144. Die Nettoflüsse können bei vollkommener Dominanz einer der beiden Alternativen, also bei Präferenz p(d) = 1 in allen Kriterien, maximal den Wert 1 ergeben. Zusammenfassend liegt Dominanz der alternativen Prozesskette vor, und somit sollte diese bei einer fiktiven Neuinvestition in eine gesamte Technologiekette gewählt werden.

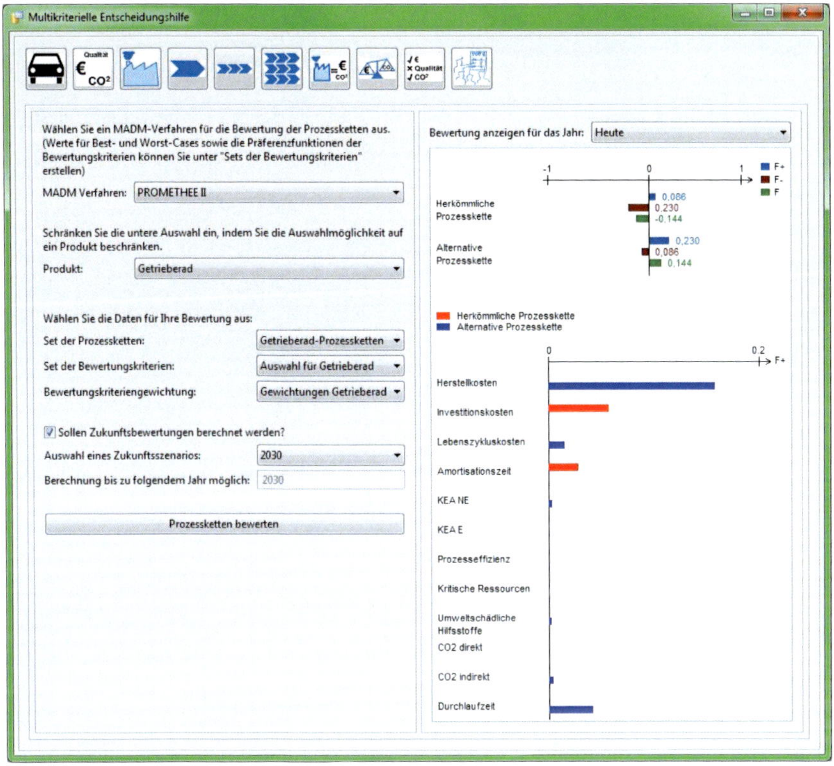

Abbildung 7.8: Auswertung nach dem PROMETHEE II-Verfahren inkl. Dominanzvergleich der Alternativen miteinander

Evaluation following the PROMETHEE II-approach including dominance comparison of both alternatives

7.4.3 Vergleich und Bewertung von TOPSIS und PROMETHEE II sowie Zwischenfazit

Comparison and Evaluation of TOPSIS and PROMETHEE II as well as Interim Conclusion

Im Vergleich der beiden vorgestellten Bewertungsverfahren TOPSIS und PROMETHEE II ergeben sich Abweichungen in der Bewertung, bedingt durch die jeweiligen Grenzen und Präferenzfunktionen der Verfahren. In Abbildung 7.9 sind links die zu Grunde liegenden gewichteten, normierten Ausprägungen des TOPSIS-Ansatzes und rechts die Dominanzen der Alternativen des PROMETHEE-Ansatzes jeweils für die Bewertungskriterien dargestellt. Aufgrund der unterschiedlichen Vorgehensweise beider Verfahren sind die aufgezeigten Skalen zahlenmäßig nicht direkt vergleichbar, sondern lediglich innerhalb des jeweiligen Ansatzes.

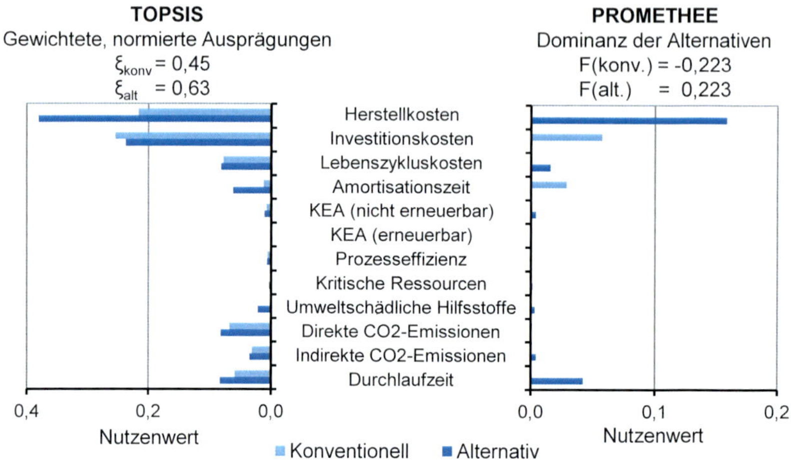

Abbildung 7.9: Vergleich der Ergebnisse von TOPSIS und PROMETHEE
Comparison of the results of TOPSIS and PROMETHEE

Grundsätzlich sind die Ergebnisse beider Ansätze vergleichbar und führen zur Empfehlung der alternativen Prozesskette. Bei beiden Ansätzen leisten die am stärksten gewichteten Kriterien, wie Herstell-, Investitions- und Lebenszykluskosten sowie die Amortisationszeit, einen wesentlichen Beitrag zur Gesamtbewertung. Es ist allerdings ersichtlich, dass bei einigen Kategorien, die mit dem TOPSIS-Ansatz nur geringe Differenzen aufweisen, das PROMETHEE-Verfahren größere Dominanzniveaus ergibt, beispielsweise bei den Investitions- oder Lebenszykluskosten sowie der Durchlaufzeit. Dies ist auf die Präferenzfunktionen zurückzuführen. Bei gleichen Grenzen der Bewertungskriterien erlaubt der TOPSIS-Ansatz lediglich eine lineare Bewertung. Es ist festzuhalten, dass der angepasste TOPSIS-Ansatz für eine Bewertung von Technologiekettenalternativen sowohl in der Planungs- als auch Nutzungsphase, insbesondere bei einer kleinen Anzahl von Alternativen zu verwenden ist. Er kann auch für die Bewertung einer einzigen Alternative verwendet werden, was den geforderten Soll-Ist-Abgleich erlaubt, da die Bewertung stets auf einer Skala von 0 bis 1 stattfindet. Beim PROMETHEE-Verfahren hingegen ist auf Grund der individuellen Präferenzfunktionen ein nichtlinearer Verlauf der Präferenz über die Differenzen der Ausprägungen eines Kriteriums bestimmbar. Erkennbar ist der Unterschied für die Lebenszykluskosten. Hier zeigt der PROMETHEE-Ansatz aufgrund der hinterlegten Präferenzfunktion eine deutliche Dominanz der alternativen Prozessketten gegenüber der konventionellen auf, obwohl der TOPSIS-Ansatz lediglich eine geringe Präferenz erkennen lässt. Der PROMETHEE-Ansatz ermöglicht eine schnelle und robuste Bestimmung der Haupteinflussfaktoren von Ausprägungen und Vorteilhaftigkeiten einzelner Technologiekettenalternativen.

Die Ausführungen dieses Kapitels beantworten die vierte Forschungsfrage, wie das Entscheidungsmodell in einer Softwareumgebung implementiert werden muss, damit eine Entscheidung der Auswahl von Technologieketten auf Basis der modularen, kennzahlenbasierten Bewertungsmethode durchgeführt werden kann.

7.4.4 Anwendung von Zukunftsszenarien

Application of Future Scenarios

Bei beiden Bewertungsverfahren können zukünftige Entwicklungen von Verbräuchen und Umrechnungsfaktoren für Bewertungskriterien eingebunden werden. Abbildung 7.10 zeigt die Bewertung mit dem angepassten TOPSIS-Ansatz zum heutigen Zeitpunkt (links) sowie für das Jahr 2030 (rechts). Hierfür werden die Umrechnungsfaktoren, beispielsweise äquivalente CO_2-Emissionen pro eingesetzter Kilowattstunde elektrischer Energie, für ausgewählte Jahre verändert. Diese können für beliebige Jahre in der Zukunft angegeben werden. Umrechnungsfaktoren in nicht angegebenen Jahren werden gegebenenfalls interpoliert, es findet allerdings keine Extrapolation über das maximal eingegebene Jahr hinaus statt. In Kapitel 6.2 wurde eine Energiepreiserhöhung bei gleichzeitiger Reduktion der äquivalenten CO_2-Emissionen auf Basis einer Studie der EUROPÄISCHEN KOMMISSION für das Jahr 2030 angenommen, die in der folgenden Abbildung dargestellt ist [EURO14]. Der Preis steigt von etwa 14 auf 25 Cent pro Kilowattstunde, während die CO_2-Emissionen von 450 auf 330 g pro Kilowattstunde sinken. Es ist ersichtlich, dass für die Herstellkosten und indirekten CO_2-Emissionen eine Änderung zu verzeichnen ist. Die Veränderung der Höhe der beiden Größen ist abhängig von der Gewichtung der jeweiligen Bewertungskriterien sowie dem Bewertungsverfahren und ist demnach nicht direkt mit einer prozentualen Änderung der Preis- sowie Emissionswerte berechenbar. Dieses einfache Beispiel führt nicht zu einer veränderten Auswahl der Technologieketten, unter anderem auch deswegen, weil die Dominanz der alternativen Prozesskette zu deutlich ist. Bei einer Vielzahl von möglichen Alternativen und Szenarien ist eine Zukunftsbewertung notwendig und führt zu weiteren Erkenntnissen, wie sich eine Investition in eine Fertigungskette auswirken wird.

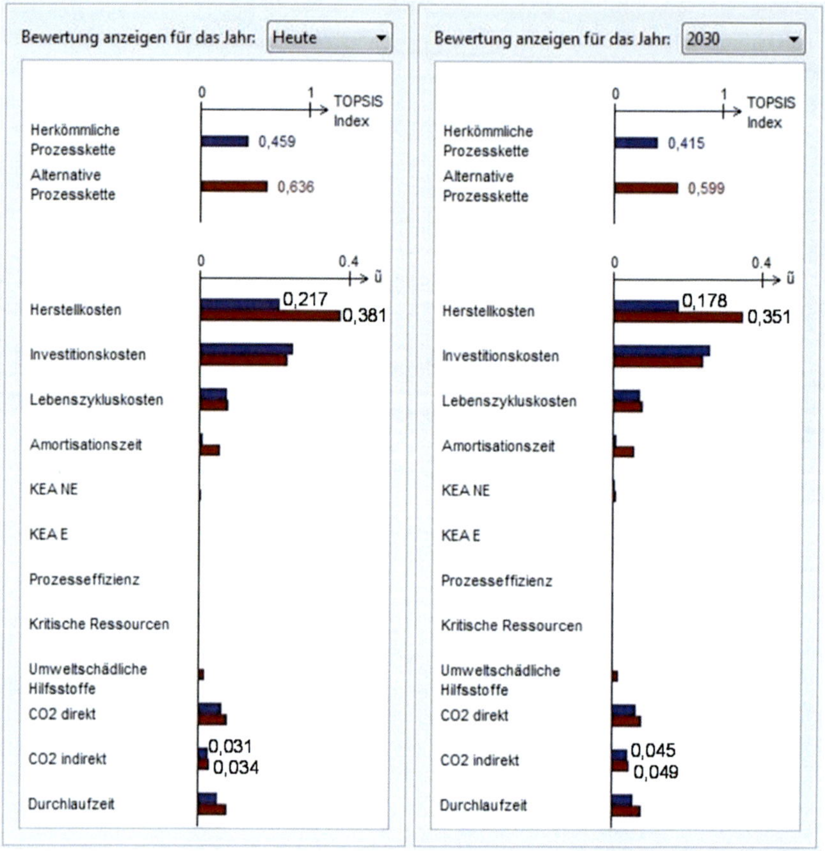

Abbildung 7.10: Vergleich des heutigen Bewertungszeitpunkts mit einem Zukunftsszenario für das Jahr 2030 für beide Technologieketten mit dem TOPSIS-Ansatz

Comparison of today's evaluation and the future scenario for 2030 for both technology chains with the underlying TOPSIS-approach

8 Zusammenfassung und Ausblick

Summary and Outlook

Die Fokussierung auf eine ressourceneffiziente Produktion gewinnt vor dem Hintergrund der steigenden Weltbevölkerung, des daraus resultierenden steigenden Bedarfs nach Produkten und Dienstleistungen sowie der begrenzten Ressourcenverfügbarkeit an Bedeutung [SELI07]. Unternehmen sind bestrebt, Potenziale möglicher Kostensenkungen und öffentlichkeitswirksamer Maßnahmen in Bezug zur Ressourceneffizienz zu heben und somit ihre Wettbewerbsposition zu sichern oder zu verbessern. Dementsprechend werden umfangreiche Nachhaltigkeitsberichte mit Informationen zur Produktion benötigter Ressourcen und zu Treibhausgasemissionen als Repräsentation des ökologischen Einflusses verfasst. Weiterhin werden Energiemanagementsysteme nach DIN EN ISO 50001 eingeführt, um gesetzlich vorgegebene Kosteneinsparungen zu realisieren [BMW15; ROBE14; DIN50001]. Wesentliche Potenziale liegen in der Planungsphase von Technologieketten, da hier die Anlagentechnik und Prozessführung definiert wird, die für die Verbräuche in der Produktion verantwortlich sind. Hierbei steht die Großserie im Vordergrund, da aufeinander folgende Fertigungsprozesse sowie Anlagen für zentral bereitgestellte Medien erhebliche Energie- und Materialverbräuche verursachen. Um diese Ressourceneinsparpotenziale identifizieren und bewerten zu können, wurden wissenschaftliche Bewertungsmethoden der Ressourceneffizienz von Technologieketten sowie rechnergestützte Energie- und Materialverbrauchsprognosen entwickelt. Deren Verknüpfung untereinander und die zusätzliche Einbindung ökonomischer sowie technologischer Kenngrößen wurde allerdings nicht systematisch erarbeitet.

In dieser Arbeit wurde ein modular gestaltetes, kennzahlenbasiertes Entscheidungsmodell zur Unterstützung der Auswahl von Technologieketten auf Basis ökonomischer, ökologischer und technologischer Faktoren entwickelt. Die Vorgehensweise orientierte sich an vier Forschungsfragen, die in den vorherigen Kapiteln beantwortet wurden. Für das Modell wurden aus Erkenntnissen von Forschungsarbeiten der Geltungsbereich sowie notwendige Bewertungskriterien abgeleitet. Ein Kennzahlenbaum wurde definiert, dessen Kriterienausprägungen aufbauend auf Prozess- und Prozesskettenverbräuchen an Energien und Materialien bestimmt wurden. Es wurde eine Vorgehensweise zur Bewertung der bestimmten Kriterienausprägungen mit Hilfe zweier Ansätze beschrieben. Die Vorgehensweise wurde in einer aus den Arbeiten abgeleiteten Softwarelösung implementiert, um die Nutzbarkeit, die mathematische Korrektheit der Bewertungsverfahren sowie eine nachhaltige Verwendbarkeit für unterschiedliche Unternehmensperspektiven zu gewährleisten.

Die Bewertung von Technologiekettenalternativen wird vor allem in der Technologieplanung verwendet, um eine Entscheidung zur Auswahl einer Prozesskette zu unterstützen. Darüber hinaus ist die Bewertungsmethodik nach Inbetriebnahme einer Prozesskette anwendbar, um auf Grundlage von realen Verbrauchsmessungen einen Soll-Ist-Abgleich und einen kontinuierlichen Verbesserungsprozess durchzuführen.

Aufgrund des modularen Aufbaus sind in der Methodik die Fertigungsverfahren nach DIN 8580 abbildbar, wobei in dieser Arbeit der Fokus auf trennenden Verfahren sowie Wärmebehandlungsprozessen liegt. Aufbauend auf Erkenntnissen durchgeführter Forschungsprojekte wurde aufgezeigt, welche Energie- und Materialströme in der Fertigung zu erfassen sind und inwiefern diese bei der Verwendung von Ökobilanzierungen einen Einfluss auf die ökologischen Wirkungskategorien aufweisen. Verbrauchsarten mit wesentlichem Einfluss auf ökologische Wirkungskategorien sind elektrische Energie, Druckluft, thermische Energien sowie Schmierstoffe. Diese fallen sowohl in den Fertigungsprozessen selbst als auch den zentralen Anlagen zur Bereitstellung von Medien an. Die Erkenntnisse wurden für unterschiedliche Fertigungsverfahren hinsichtlich der Notwendigkeit der Bestimmung von Energie- und Materialverbräuchen analysiert, um den benötigten Geltungsbereich der Methodik festzulegen.

Unter Einbeziehung ökonomischer, ökologischer und technologisch-organisatorischer Faktoren können Technologieketten integrativ bewertet werden. Hierfür wurde eine Kennzahlenhierarchie auf Grundlage von Anforderungen an diese Hierarchie und die Bewertungsmethodik entwickelt, auf Basis derer die genannten Faktoren abgebildet werden. Die Kennzahlen wurden hinsichtlich ihrer Anforderungen untersucht, so dass deren Anwend- und Bestimmbarkeit gewährleistet wird. Die vorgestellte Kennzahlenhierarchie ist modular erweiterbar und kann in der Methodik auf Basis der Bewertungsaufgabe angepasst werden. Um die Energie- und Materialverbrauchsdaten bestimmen zu können, wurden Prognose- und Bestimmungsverfahren der Verbräuche vorgestellt und schematisch eingeordnet, um für konkrete Bewertungsvorgänge eine konsistente und ausreichend exakte Datengrundlage zu gewährleisten. Weiterhin wurden mathematische Zusammenhänge entwickelt, mit denen aus Energie- und Verbrauchsdaten die Ausprägungen der Bewertungskriterien ermittelt werden können. Hierzu werden unter anderem Ökobilanzierungsdatenbanken genutzt. Darüber hinaus ist die Ermittlung der Ausprägungen von Bewertungskriterien beschrieben, die nicht automatisiert auf Basis von Verbrauchsdaten bestimmbar sind.

Für die Bewertung der Ressourceneffizienz wurden zwei Verfahren vorgestellt, die eine mathematische Vorgehensweise zur Erzeugung der Rangfolge von Alternativen auf Grundlage der Bewertungskriterienausprägungen beschreibt. Die Gewichtung der Bewertungskriterien wird mit Hilfe des analytischen Hierarchie-Prozesses durchgeführt. Im AHP werden unter Nutzung von paarweisen Vergleichen die Kriterien untereinander gewichtet und die Bestimmung globaler Gewichte aller verwendeten Bewertungskriterien ermöglicht. In den vorgestellten Verfahren TOPSIS und PROMETHEE werden diese Gewichtungen verwendet, um die Bewertungskriteriumsausprägungen zu normieren, zu gewichten und eine Rangfolge der Alternativen zu erzeugen. Während beim TOPSIS-Ansatz eine lineare Normierung innerhalb definierter Grenzen pro Bewertungskriterium durchgeführt wird, basiert die Bewertung im PROMETHEE-Verfahren auf individualisierbaren Präferenzfunktionen. Mit diesen

Funktionen wird die Vorteilhaftigkeit von Kriteriumsausprägungen unterschiedlicher Alternativen bestimmt. Diese Unterschiede in den Ansätzen führen dazu, dass der TOPSIS-Ansatz für eine Einordnung von Alternativen in klaren Grenzen verwendet und eine relative Aussage über die Güte von Alternativen getroffen werden kann. Durch Nutzung des PROMETHEE-Ansatzes werden Kriteriumsausprägungen von Alternativen direkt miteinander verglichen und somit eine Rangfolge erstellt.

Umrechnungsfaktoren von Energie- und Materialverbräuchen unterliegen Veränderungen durch reduzierte Verfügbarkeiten, technologischen Fortschritt oder Änderungen des fertigungstechnischen Umfelds. Durch den geplanten Wandel der Energieerzeugung in Deutschland wird beispielsweise in den kommenden Jahrzehnten laut einer Studie der EUROPÄISCHEN KOMMISSION der Preis elektrischer Energie weiter steigen, während die äquivalenten CO_2-Emissionen in Folge höherer Anteile erneuerbarer Energiequellen sinken [EURO14]. Um derartige Szenarien in der Entscheidungsunterstützung der Auswahl einer langfristig zu betreibenden Technologiekette abbilden zu können, wurde eine Methodik entwickelt, zukünftige Veränderungen in die Bewertungsansätze zu integrieren. In Form von jahresweise veränderlichen Umrechnungsfaktoren wird die Datenbasis für die Bewertung variiert und die Ergebnisse entsprechend berechnet.

Die auf Basis der Bewertungsverfahren entwickelte Softwarelösung, die den Nutzer Schritt für Schritt durch den Ablauf der Bewertung führt, wurde exemplarisch für zwei Prozesskettenalternativen zur Herstellung eines Getrieberads der A- und B-Klassen der DAIMLER AG angewendet. Durch die individualisierte Wahl des Bewertungsverfahrens sowie der zu Grunde liegenden Grenzen und Präferenzfunktionen der Ausprägungen von Bewertungskriterien wird eine ganzheitliche Bewertungsmethodik zu Verfügung gestellt, die für eine Vielzahl von Prozessketten und Produkten verwendbar ist. Unterschiedliche Unternehmensperspektiven werden durch die Auswahl von variierenden Bewertungskriterien und -gewichtungen analysiert, so dass eine Entscheidungsunterstützung der Auswahl von Technologieketten realisiert wird. Das entwickelte Modell ist für die Herstellung funktional gleichwertiger Bauteile einsetzbar. Für die Einbindung lebenszyklusphasenübergreifender Effekte wie beispielsweise der Funktionsintegration sowie der Gewichtsreduzierung bei der Verwendung additiver Fertigungsverfahren kann das Modell nicht unmittelbar verwendet werden. Ein additiv hergestelltes Bauteil weist gegenüber einem konventionell gefertigtem üblicherweise nicht die gleichen Eigenschaften auf. Oftmals werden konstruktive Veränderungen eingebracht, um die spezifischen Vorteile der additiven Fertigung wirtschaftlich nutzen zu können. Die höheren Verbräuche während der additiven Herstellung sind mit dem Modell nicht direkt den Vorteilen während der Nutzung des Produktes gegenüberzustellen, da die Nutzungsphase nicht unmittelbar berücksichtigt wird. Um eine Lebenszyklussicht abzubilden, sind entweder Weiterentwicklungen des Modells und der Software oder Zusatzaufwände durch den Nutzer notwendig.

Für die Verwendung der vorgestellten Softwarelösung sind vom Nutzer der Bewertungsmethode sowie des Entscheidungsmodells für beide mathematischen Verfahren zur Bestimmung der Alternativenrangfolge Grenzen der Bewertungskriterien festzulegen. Diese basieren auf den Energie- und Materialverbräuchen der Fertigungskette und sind somit mit Erfahrungswissen und Abschätzungen zu bestimmen. Zukünftig installierte Sensorik in Werkzeugmaschinen und Anlagen sowie Rechenkapazität in Form von fertigungsnahen Computersystemen wird dieses Expertenwissen teil- oder vollautomatisiert erzeugen können. Beispielsweise kann der Energie- und Materialverbrauch pro Bauteil in jedem Fertigungsschritt mit integrierter Sensorik erfasst und mittels eindeutiger Identifikation auf Basis von RFID-Chips einem Produkt zugeordnet werden. Die Trends und Vorgehensweisen von Industrie 4.0 führen zur Verfügbarkeit von Energie- und Materialverbrauchsdaten auf Maschinenebene und erlauben die Erzeugung konkreter Technologieinformationen, die für das in dieser Arbeit entwickelte Bewertungsmodell einen erheblichen Mehrwert darstellen.

Summary and Outlook

The growing world population leads to the demand of more and more products and services. This demand as well as the scarcity of resources result in a higher awareness and the concentration on resource efficient production [SELI07]. Companies strive to tap the full potentials of possible cost reductions and image-improving activities in connection to resource efficiency in order to save and enhance their competitive position. Therefore, extensive sustainability reports including information about resource consumptions related to the manufacturing of products as well as greenhouse gas emissions as representation of ecological impact are being published. Furthermore, energy management systems following DIN EN ISO 50001 are introduced in order to accomplish statutory cost savings [BMW15; ROBE14; DIN50001]. Significant potentials can be derived from the technology planning process, because machines and process sequences are defined in this phase and thus machine and process consumptions changes will be restricted further on. Mass production has priority in this case, since consecutive process steps and their necessary machines and facilities for centrally supply media are causing essential consumptions in manufacturing. For the identification and evaluation of resource saving potentials research activities regarding technology chains as well as software based approaches for prognosis of energy and material consumptions have been conducted. Their close interconnection and additional inclusion of economic as well as technological figures have not been investigated systematically.

In this thesis, a modular, key figure based evaluation model for supporting the choice of technology chains grounded on economical, ecological and technological factors has been developed. The approach in this thesis was oriented on four research questions, which have been answered in the previous chapters. Prerequisites, necessary key figures as well as the scope of the model have been derived from findings and experiences of research projects. A hierarchical tree of key figures has been defined, whose criteria values are basically being determined by process and process chain consumptions of energy and materials. A methodology for evaluation of defined criteria with two different mathematical approaches has been developed. The methodology has been implemented into a software in order to assure the usability, the mathematical correctness of the evaluation as well as the sustainable applicability for different company perspectives.

The evaluation of technology chain alternatives is especially used in technology planning for supporting a decision of technology chains to realize. Furthermore, the methodology can be used after implementation of the process chain in order to perform a target-actual comparison based on real consumption measurements and guarantee a continuous improvement process. Due to the modular approach, manufacturing processes according to DIN 8580 can be modeled. Nevertheless, the focus of this thesis lies on separating and heat treatment processes. Based on conducted research projects, it has been defined which energy and material flows have to be measured in manufacturing and how they influence the ecological impact as result of using a life cycle assessment. Main influencing factors on ecological impacts are electrical energy, pressurized air, thermal energies and lubricants. These consumptions occur in the processes as well as in central facilities which supply media for manufacturing processes. The findings have been analyzed regarding different manufacturing technologies and their consumptions which should be measured in order to assure the balance of the evaluation model.

Including economical, ecological and technologic-organizational factors technology chains can integratively be evaluated. Therefore, a hierarchical tree based on requirements of key performance indicators and the evaluation methodology has been developed in order to include the mentioned influencing factors. The key figures have been analyzed regarding their prerequisites to assure their applicability and possible determination. The presented hierarchical tree of figures is extendable modularly and can be adapted to the chosen target of an evaluation. In order to determine energy and material consumption data, prognosis and determination methods of consumptions have been introduced and examined. These methods assure a consistent and suitable data basis for evaluation. Mathematical relations and methods have been developed, which allow to determine values of evaluation criteria derived from energy and material consumption data. For this purpose, amongst other methods, life cycle assessment databases are used. Additionally, the determination of evaluation criteria, which cannot be deduced from consumption data has been described.

For the evaluation two different approaches have been explained which present mathematical methods for generating a ranking of technology chain alternatives based on the characteristic values of the criteria. The weighting of evaluation criteria is performed by the analytical-hierarchy-process (AHP). By using a pairwise comparison the AHP weighs the evaluation criteria and determines the global weights of all criteria. The presented approaches TOPSIS and PROMETHEE use the global weightings in order to normalize and weigh the criteria values and to calculate a ranking of technology chain alternatives. The TOPSIS approach uses a linear normalization in defined boundaries for each evaluation criterion, whereas the PROMETHEE method bases on individual preference function for the criteria. The preference functions determine the benefit of criteria values of different technology chain alternatives. The TOPSIS approach is a suitable match for ranking alternatives in clearly defined boundaries whilst providing a relative measure of comparison of all alternatives. By using the PROMETHEE approach, key figures of evaluation criteria a directly compared to each other leading to creating a ranking of alternatives.

Factors for converting energy and material consumption data into ecological impact categories change during time due to reduced availability, thus higher effort for harvesting, technological advances or changes of the manufacturing environment. Because of the planned transition towards renewable energy sources during the next decades in Germany, prices of electrical energy will increase and greenhouse gas emissions will decrease according to a study of the European Commission

[EURO14]. In order to be able to include this kind of scenarios into the decision process of a long-term usable process chain, a methodology to integrate future scenarios of consumption conversion into the model has been developed. The conversion factors can individually varied for every year of a future scenario and the whole evaluation takes place based on these factors.

The software solution bases on the described evaluation methods and the whole decision model. It guides the user in a step-by-step approach through the sequence of decision steps and has been applied for two process chain alternatives for manufacturing of a gear wheel of the A- and B-class automobiles of the DAIMLER AG. By choice of the individualized evaluation method as well as the defined and changeable boundaries and preference functions for evaluation criteria values, a broad variety of different technology chains and products can be considered by the decision model. Different company perspectives can be analyzed by using changing weightings of the criteria and criteria themselves leading to a multilayered decision support for choosing technology chains. The developed model is applicable for the manufacturing of functionally identical products. The inclusion of effects overlapping different life cycle phases such as integration of functions of weight reductions due to additive manufacturing processes cannot directly be performed. A additively manufactured work piece does not feature the exact same properties in comparison to a conventionally produced part. Often constructive changes are included when manufacturing additively in order to realize economic benefits of the manufacturing process. Higher efforts during manufacturing are typical for additive manufacturing, whereas during the usage phase advantages arise. Since the model does not include the usage phase, these effects cannot be integrated. In order to include a life cycle modelling, either the model itself has to be enhanced or the user has to spend more efforts to adapt the underlying data to the model.

For the application of the described software solution, the user has to input boundary conditions depending on the chosen evaluation method in order to create a ranking of alternative technology chains. These boundaries are derived from energy and material consumptions of the process chains and therefore are only determinable with experience and prior knowledge of processes and their resource efficiency. Prospectively, installed sensors in machine tools and facilities as well as computational intelligence in terms of embedded systems will lead to partial or complete generation of this necessary experience-based data. For example, the energy and material consumption per piece can be determined with integrated sensors for every process and be assigned to single work pieces by using RFID-chips. The trends and potentials of Industrie 4.0 result in the availability of energy and material consumption data on machine level and allow for the creation of technology information, which will enhance the model described in this thesis.

9 Literaturverzeichnis

[AURI13] AURICH, J.C ; LINKE, B. ; HAUSCHILD, M. ; CARRELLA, M. ; KIRSCH, B.: *Sustainability of abrasive processes.* In: *CIRP Annals - Manufacturing Technology* 62 (2013), Nr. 2, S. 653–672

[BAFA14] BUNDESAMT FÜR WIRTSCHAFT UND AUSFUHRKONTROLLE: *Merkblatt für stromkostenintensive Unternehmen zu den gesetzlichen Regelungen nach §§63 ff. Erneuerbare-Energien-Gesetz 2014 einschließlich der Regelungen zur Zertifizierung des Energieverbrauchs und der Energieverbrauchsminderungspotenziale.* Eschborn, 27.08.2014

[BANS15] BANSAL, Rineesh ; KIRK, Stuart: *Klimaziele - Paradigmenwechsel für die Ölindustrie.* In: *Deutsche Bank Research Haus, Konzept* (2015), Ausgabe #02, S. 27–35

[BARE02] BARE, Jane C.: *Developing a Consistent Decision-Making Framework by Using the U.S. EPA's TRACI.* 2002

[BEY13] BEY, Niki ; HAUSCHILD, Michael Z. ; MCALOONE, Tim C.: *Drivers and barriers for implementation of environmental strategies in manufacturing companies.* In: *CIRP Annals - Manufacturing Technology* 62 (2013), Nr. 1, S. 43–46

[BMUB15] BUNDESMINISTERIUM FÜR UMWELT, NATURSCHUTZ, BAU UND REAKTORSICHERHEIT: *Prozessorientierte Basisdaten für Umweltmanagementsysteme (Probas).* Dessau-Roßlau, 26.05.2015

[BMW15] BMW AG: *Sustainable Value Report 2014.* 2015

[BRAN85] BRANS, J. P. ; VINCKE, Ph.: *A Preference Ranking Organsation Method: The PROMETHEE Method for Multiple Criteria Decision-Making.* In: *Management Science* 31 (1985), Nr. 6, S. 647–656

[BREC12] BRECHER, C. ; TRIEBS, J. ; HEYERS, C. ; JASPERS, D.: *Effizienzsteigerung von Werkzeugmaschinen durch Optimierung der Technologien zum Komponentenbetrieb - EWOTeK.* Aachen : Apprimus Verlag, 2012

[BREC14] BRECHER, Christian ; HERFS ; HEYERS, Christian ; TRIEBS, Johannes: Energieeffizienz von Pumpensystemen : Kapitel 1.2. In: NEUGEBAUER, Reimund (Hrsg.): *Handbuch : Ressourcenorientierte Produktion.* 1. Aufl. München, Wien : Hanser, 2014, S. 495–525

[BROC12] BROCKMANN, Karl Ludwig Dr. ; HEINDL, Peter ; LÖSCHEL, Andreas Prof. Dr. ; LUTZ, Benjamin ; SCHUMACHER, Jan Dr.: *CO2 Barometer 2012 : Anreizwirkung des EU-Emissionshandels auf Unternehmen gering - Klimapolitische Regulierung wenig relevant für Standortentscheidungen.* Frankfurt am Main, 01.08.2012

[BRÜH11] BRÜHL, Jens ; DÖBBELER, Benjamin ; C. ESSIG C. HEIN C. HERRMANN P. JAHNS M. KLEINJANS F. KLOCKE D. LUNG R. SCHLOSSER A. WERNER: Nachhaltige Produktion. In: BRECHER, C.; KLOCKE, F.; SCHUH, G.; SCHMITT, R. (Hrsg.): *Tagungsband Aachener Werkzeugmaschinenkolloquium 2011*. aachen : Shaker, 2011 (Wettbewerbsfaktor Produktionstechnik Aachener Perspektiven), S. 196–227

[BUND02] BUNDESREGIERUNG DEUTSCHLAND: *Perspektiven für Deutschland : Unsere Strategie für eine nachhaltige Entwicklung*. 16.04.2002

[BUND09] BUNDESANSTALT FÜR GEOWISSENSCHAFTEN UND ROHSTOFFE (BGR): *Reserven, Ressourcen und Verfügbarkeit von Energierohstoffen*. 2009

[BUND11]. BUNDESREGIERUNG DEUTSCHLAND: *Gesetz über den Handel mit Berechtigungen zur Emission von Treibhausgasen (Treibhausgas-Emissionshandelsgesetz)* (idF v. Stand 7. 8. 2013) – Überprüfungsdatum 2015-03-19

[BUND12a] BUNDESREGIERUNG: *Deutsches Ressourceneffizienzprogramm (ProgRess). – Aktualisierungsdatum:* 2012-02-28 – Überprüfungsdatum 2012-04-26

[BUND12b] BUNDESREGIERUNG: *Nationale Nachhaltigkeitsstrategie : Fortschrittsbericht 2012*. 20.04.2012

[BUND13]. BUNDESREGIERUNG DEUTSCHLAND: *Verordnung zur Durchführung des Treibhausgas-Emissionshandelsgesetzes in der Handelsperiode 2013 bis 2020 (Emissionshandelsverordnung 2020)* (idF v. Stand 10. 12. 2013) – Überprüfungsdatum 2015-03-19

[BUND15] BUNDESREGIERUNG: *Reform des Emissionshandels drängt*. URL http://www.bundesregierung.de/Content/DE/Artikel/2015/04/2015-04-09-emissionshandel-kli-ma.html;jsessionid=8111EAEEE193DA877CE702217D83AFCD.s4t1?nn=694676#Start. – Aktualisierungsdatum: 2015-04-09 – Überprüfungsdatum 2015-08-03

[CHAU10] CHAUVIN-ARNOUX: *Datenblatt Qualistar Messgeräte C.A 8332B, C.A 8334B, C.A 8335*. URL http://www.chauvin-arnoux.at/download/ca8335/db_ca8332b_8334b_8335_n.pdf – Überprüfungsdatum 2010-11-10

[DAIM12] DAIMLER AG: *Daimler Nachhaltigkeitsbericht 2011*. 2012

[DAIM15] DAIMLER AG: *Daimler Nachhaltigkeitsbericht 2014*. 2015

[DEUT14]. DEUTSCHER BUNDESTAG: *Gesetz für den Ausbau erneuerbarer Energien (Erneuerbare-Energien-Gesetz 2014 - EEG 2014)* (in Kraft getr. am 1. 8. 2014) (2014)

[DIET10] DIETMAIR, A.; VERL, A. (Mitarb.): Energy Consumption Assessment and Optimisation in the Design and Use Phase of Machine Tools. In: CIRP (Hrsg.): *17th CIRP International Conference on Life Cycle Engineering (LCE 2010) : 19.05-21.05, Anhui, China,* 2010, S. 116–121

[DIN1319] DIN 1319-1. Januar 1995. *Grundlagen der Messtechnik. Teil 1: Grundbegriffe*

[DIN14040] DIN EN ISO 14040. November 2009. *Umweltmanagement – Ökobilanz – Grundsätze und Rahmenbedingungen*

[DIN14044] Norm DIN EN ISO 14044. 01.10.2006. *Umweltmanagement – Ökobilanz – Anforderungen und Anleitungen*

[DIN16212] EN 16212. 2011. *Energieeffizienz- und -einsparungsberechnung - Top - Down- und Bottom-UP-Methoden; Deutsche Fassung ENTWURF*

[DIN50001] EN ISO 50001. Dezember 2011. *Energiemanagementsysteme - Anforderungen mit Anleitung zur Anwendung (ISO 50001:2011); Deutsche Fassung EN ISO 50001:2011*

[DIN60300] DIN EN 60300-3-3. September 2014. *Zuverlässigkeitsmanagement - Teil 3-3: Anwendungsleitfaden - Lebenszykluskosten*

[DIN8580] DIN 8580. 01.09.2003. *Fertigungsverfahren. Begriffe, Einteilung*

[DÖBB14] DÖBBELER, Benjamin ; BINDER, Marvin ; KLOCKE, Fritz ; LUNG, Dieter: *Ecological evaluation of consumptions in manufacturing within the automotive sector.* In: *International Journal of Sustainable Manufacturing* 3 (2014), Nr. 3, S. 269–287

[DUFL10] DUFLOU, J. R. ; KELLENS, Karel: Unit Process Impact Assessment for Discrete Part Manufacturing : A State of the Art. In: NEUGEBAUER, R. (Hrsg.): *Energieeffiziente Produkt- und Prozessinnovationen in der Produktionstechnik.* Auerbach : Wissenschaftliche Scripten, 2010, S. 81–98

[ECOI15] ECOINVENT ASSOCATION: *ecoinvent Database.* 26.05.2015

[ECOR11] ECORYS: *Sustainable Industry: Going for Growth & Resource Efficiency.* Rotterdam, 2011

[ERLA14] ERLACH, Klaus: Energiewertstrom : Steigerung der Energieeffizienz in der Produktion. In: NEUGEBAUER, Reimund (Hrsg.): *Handbuch : Ressourcenorientierte Produktion.* 1. Aufl. München, Wien : Hanser, 2014, S. 41–64

[EURO03] EUROPÄISCHES PARLAMENT UND RAT: *Richtlinie 2003/87/EG des europäischen Parlements und des Rates über ein System für den Handel mit Treibhausgasemissionszertifikaten in der Gemeinschaft und zur Änderung der Richtlinie 96/61/EG des Rates.* 25.10.2003

[EURO10] EUROPÄISCHES PARLAMENT UND RAT: *Richtlinie 2010/30/EU des Europäischen Parlaments und des Rates über die Angabe des Verbrauchs an Energie und anderen Ressourcen durch energieverbrauchsrelevante Produkte mittels einheitlicher Etiketten und Produktinformationen.* Brüssel, 19.05.2010

[EURO11a] EUROPÄISCHE KOMMISSION: *Fahrplan für ein ressourcenschonendes Europa.* Brüssel, 20.09.2011

[EURO11b] EUROPEAN COMMISSION: *A resource-efficient Europe : Flagship initiative under the Europe 2020 Strategy.* Brussels, 26.01.2011

[EURO11c] EUROPEAN COMMISSION: *A resource-efficient Europe : Flagship initiative under the Europe 2020 Strategy.* Brussels, 26.01.2011

[EURO12] EUROPÄISCHE KOMMISSION; WOLF, Marc-Andree (Mitarb.); PANT, Rana (Mitarb.); CHOMKHAMSRI, Kirana (Mitarb.); SALA, Serenella (Mitarb.); PENNINGTON, David (Mitarb.) : *The International reference Life Cycle Data system (ILCD) handbook : Towards more sustainable production and consumption for a resource-efficient Europe.* Luxembourg : Publications Office, 2012 (EUR. Scientific and technical research series 24982)

[EURO13] EUROPEAN COMMISSION: *Resource Efficiency Indicators : Science for Environment Policy. In-Depth Report.* February 2013, Issue 4. 01.02.2013. – February 2013, Issue 4

[EURO14] EUROPEAN COMMISSION: *EU energy, transport and GHG emissions : Trends to 2050 : reference scenario 2013,* 2014

[FINN09] FINNVEDEN, Göran ; HAUSCHILD, Michael Z. ; EKVALL, Tomas ; GUINÉE, Jeroen ; HEIJUNGS, Reinout ; HELLWEG, Stefanie ; KOEHLER, Annette ; PENNINGTON, David ; SUH, Sangwon: *Recent developments in Life Cycle Assessment.* In: *Journal of Environmental Management* 91 (2009), Nr. 1, S. 1–21

[FRIS09] FRISCHKNECHT, Rolf ; STEINER, Roland ; JUNGBLUTH, Niels: *Methode der ökologischen Knappheit - Ökofaktoren 2006 : Methode für die Wirkungsabschätzung in Ökobilanzen.* Bern, 2009

[GABI14] GABI: *GaBi Software :* PE International AG, 2014. URL http://www.gabi-software.com – Überprüfungsdatum 2014-02-10

[GLAD08] GLADEN, Werner: *Performance measurement : Controlling mit Kennzahlen.* 4., überarb. Aufl. Wiesbaden : Gabler, 2008 (Lehrbuch)

[GLEI01] GLEICH, Ronald: *Das System des Performance measurement : Theoretisches Grundkonzept, Entwicklungs- und Anwendungsstand.* München : Vahlen, 2001

[GOED00] GOEDKOOP, Mark ; SPRIENSMA, Renilde: *The Eco-Indicator 99 : A damage oriented methode for Life Cycle Impact Assessment.* Methodology Report. Amersfoort, Juni 2000. – Methodology Report

[GOED12] GOEDKOOP, Mark ; HEIJUNGS, Reinout ; HUIJBREGTS, Mark A. J. ; SCHRYVER, An de ; STRUIJS, Jaap ; VAN ZELM, Rosalie: *ReCiPe 2008 : A life cycle impact assessment method which comprises harmonised category indicators at the midpoint and the endpoint level.* 2012

[GÖTZ10] GÖTZE, Uwe: *Kostenrechnung und Kostenmanagement.* 5., verb. Aufl. Berlin, Heidelberg : Springer, 2010 (Springer-Lehrbuch)

[GUIN02] GUINÉE, J. B.; HEIJUNGS, R. (Mitarb.); HUPPES, G. (Mitarb.); KLEIJN, R. (Mitarb.); KONING, A. de (Mitarb.); VAN OERS, L. (Mitarb.); WEGENER SLEESWIJK, A. (Mitarb.); SUH, S. (Mitarb.); UDO HAES, H.A de (Mitarb.); BRUIJN, H. de (Mitarb.); VAN DUIN, R. (Mitarb.); HUIJBREGTS, M.A.J (Mitarb.) : *Handbook on life cycle assessment : Operational guide to the ISO standards.* Dordrecht : Kluwer Academic Publishers, 2002

[GUIN11] GUINÉE, Jeroen B. ; HEIJUNGS, Reinout ; HUPPES, Gjalt ; ZAMAGNI, Alessandra ; MASONI, Paolo ; BUONAMICI, Roberto ; EKVALL, Tomas ; RYDBERG, Tomas: *Life Cycle Assessment: Past, Present, and Future †.* In: *Environmental Science & Technology* 45 (2011), Nr. 1, S. 90–96

[GUTE83] GUTENBERG, Erich: *Grundlagen der Betriebswirtschaftslehre.* 24., unveränd. Aufl. Berlin, Heidelberg : Springer, 1983 (Enzyklopädie der Rechts- und Staatswissenschaft / Abteilung Staatswissenschaft)

[GUTO06] GUTOWSKI, Timothy ; DAHMUS, Jeffrey ; THIRIEZ, Alex: *Electrical Energy Requirements for Manufacturing Processes.* 2006

[HAUS05] HAUSCHILD, Michael Z. ; POTTING, J.: *Spatial differentiation in Life Cycle impact assessment - The EDIP2003 methodology : Environmental News No. 80.* 2005

[HERB13] HERBST, A. ; JOCHEM, E. ; IDRISSOVA, F. ; JOHN, F. ; LIFSCHIZ, I. ; LÖSCH, O. ; MAI, M. ; REITZE, F. ; TORO, F.: *Energiebedarf und wirtschaftliche Energieeffizienz-Potenziale in der mittelständigen Wirtschaft Deutschlands bis 2020 sowie ihre gesamtwirtschaftlichen Wirkungen.* Karlsruhe/Berlin, 19.12.2013

[HERM14] HERMANN, Christoph ; THIEDE, Sebastian ; ZEIN, André: Bewertung der Energieeffizienz von Werkzeugmaschinen : Teil 5, Kapitel 4.2. In: NEUGEBAUER, Reimund (Hrsg.): *Handbuch : Ressourcenorientierte Produktion.* 1. Aufl. München, Wien : Hanser, 2014, S. 594–601

[HERR10] HERRMANN, Christoph: *Ganzheitliches Life Cycle Management : Nachhaltigkeit und Lebenszyklusorientierung in Unternehmen.* Habil. Techn. Univ. Braunschweig. Berlin : Springer, 2010 (VDI)

[HERR13] HERRMANN, Christoph ; POSSELT, G. ; THIEDE, Sebastian ; POSSELT, Gerrit: *Energie- und hilfsstoffoptimierte Produktion.* Heidelberg : Springer; Springer Vieweg, 2013

[HIRZ11] HIRZEL, Simon ; SONTAG, Benjamin ; ROHDE, Clemens: *Betriebliches Energiemanagement in der industriellen Produktion : Kurzstudie.* Karlsruhe, 15.09.2011

[HIRZ14] HIRZEL, Simon ; BRADKE, H.: Effizienter Einsatz von Druckluft : Teil 6, Kapitel 5.2. In: NEUGEBAUER, Reimund (Hrsg.): *Handbuch : Ressourcenorientierte Produktion.* 1. Aufl. München, Wien : Hanser, 2014, S. 756–770

[HWAN81] HWANG, C. L. ; YOON, Kwangsun: *Multiple attribute decision making : Methods and applications : a state-of-the-art survey.* Berlin, New York : Springer-Verlag, 1981 (Lecture notes in economics and mathematical systems 186)

[JOLL03] JOLLIET, O. ; MARGNI, Manuele ; CHARLES, Raphael ; HUMBERT, Sebastien ; PAYET, Jerome ; REBITZER, G. ; ROSENBAUM, Ralph: *IMPACT 2002+: A New Life Cycle Impact Assessment Methodology.* In: *International Journal of Life Cycle Assessment* 8 (2003), Nr. 6, S. 324–330

[KARA11] KARA, S. ; LI, W.: *Unit process energy consumption models for material removal processes.* In: *CIRP Annals - Manufacturing Technology* 60 (2011), Nr. 1, S. 37–40

[KELL11] KELLENS, Karel ; DEWULF, Wim ; OVERCASH, Michael ; HAUSCHILD, Michael Z. ; DUFLOU, Joost R.: *Methodology for systematic analysis and improvement of manufacturing unit process life-cycle inventory (UPLCI)—CO2PE! initiative (cooperative effort on process emissions in manufacturing). : Part 1: Methodology description.* In: *The International Journal of Life Cycle Assessment* 17 (2011), Nr. 1, S. 69–78 – Überprüfungsdatum 2011-11-09

[KELL12] KELLENS, Karel ; DEWULF, Wim ; OVERCASH, Michael ; HAUSCHILD, Michael Z. ; DUFLOU, Joost R.: *Methodology for systematic analysis and improvement of manufacturing unit process life cycle inventory (UPLCI) CO2PE! initiative (cooperative effort on process emissions in manufacturing). Part 2: case studies.* In: *The International Journal of Life Cycle Assessment* 17 (2012), Nr. 2, S. 242–251

[KEMN05] KEMNA, Rene ; VAN ELBURG, Martijn ; LI, William ; VAN HOLSTEIJN, Rob: *Methodology Study Eco-design of Energy-using Products (MEEUP) : Final Report. Methodology Report.* Delft, 2005

[KLOC08] KLOCKE, Fritz: *Fertigungsverfahren 1 : Drehen, Fräsen, Bohren.* 8 Aufl. Berlin, Heidelberg : Springer-Verlag, 2008 (VDI-Buch)

[KLOC12] KLOCKE, F. ; DÖBBELER, Benjamin ; BINDER, Marvin ; SCHLOSSER, Ralf ; LUNG, Dieter: Ecological evaluation of main origins of consumptions in manufacturing within the automotive sector. In: SELIGER, Günther; KILIÇ, S. Engin (Hrsg.): *Towards implementing sustainable manufacturing : Proceedings.* Istanbul : CIRP, 2012, S. 231–236

[KLOC13a] KLOCKE, Fritz ; DÖBBELER, Benjamin ; BINDER, Marvin ; LUNG, Dieter: Case Study Based Comparison of Life Cycle Analyses within Metal Manufacturing in the Automotive Industry. In: DIMITROV, Dimiter; SCHUTTE, Corne (Hrsg.): *Proceedings : International Conference on Competitive Manufacturing.* Stellenbosch : CIRP, 2013, S. 263–268

[KLOC13b] KLOCKE, Fritz: *Abschlussbericht für das Verbundprojekt Bewertung der Energieeffizienz alternative Prozesse und Technologieketten (BEAT).* 01.02.2013

[KLOC14a] KLOCKE, F. ; DÖBBELER, B. ; BUCHKREMER, S. ; LUNG, D.: An Analytical Approach for Identifying and Prioritizing the Manufacturing Consumptions of Complex Technology Chains. In: NEUGEBAUER, Reimund; DROSSEL, Welf-Guntram (Hrsg.): *Innovations of sustainable production for green mobility energy-efficient technologies in production : 3rd International Chemnitz Manufacturing Colloquium, ICMC 2014; 3rd International Colloquium of the Cluster of Excellence, eniPROD; proceedings.* Auerbach /Vogtl : Wissenschaftliche Scripten, 2014 (Reports from the IWU, 80), S. 763–778

[KLOC14b] KLOCKE, F. ; PUTZ, M. ; BINDER, M. ; DÖBBELER, B. ; JAHNS, P. ; KLEINJANS, M. ; LUNG, D. ; STALMANN, A. ; WERNER, A. R.: Ressourceneffiziente Produktion. In: BRECHER, Christian; KLOCKE, Fritz; SCHMITT, Robert; SCHUH, Günther (Hrsg.): *Integrative Produktion : Aachener Werkzeugmaschinen-Kolloquium (AWK) 2014 Werkzeugmaschinenlabor WZL.* Aachen : Shaker, 2014, S. 331–361

[KÖNI82] KÖNIG, Wilfried A. ; ESSEL, Klaus ; WITTE, Lothar: *Spezifische Schnittkraftwerte für die Zerspanung metallischer Werkstoffe : Specific cutting force data for metal-cutting.* Düsseldorf : Stahleisen; Verlag Stahleisen, 1982

[KRIN12] KRINGS, Robin: *Bewertung und kontinuierliche Verbesserung der Ressourceneffizienz von automatisierten Fertigungssystemen.* Aachen : Shaker, 2012 (Schriftenreihe des Lehrstuhls für Produktionssysteme Bd. 2012,10)

[KUHR11] KUHRKE, B.: *Methode zur Energie- und Medienbedarfsbewertung spanender Werkzeugmaschinen.* Diss. TU Darmstadt. Berlin : epubli GmbH, 2011

[KÜPP13] KÜPPER, Hans-Ulrich: *Controlling : Konzeption, Aufgaben, Instrumente.* 6., überarb. Aufl. Stuttgart : Schäffer-Poeschel, 2013

[MCGL15] MCGLADE, Christophe ; EKINS, Paul: *The geographical distribution of fossil fuels unused when limiting global warming to 2 [deg]C.* In: *Nature* 517 (2015), Nr. 7533, S. 187–190. URL http://dx.doi.org/10.1038/nature14016

[MITT12] MITTAL, K. ; SANGWAN, S.K ; HERRMANN, C. ; EGEDE, P. ; WULBUSCH, C.; TECHNISCHE UNIVERSITÄT BRAUNSCHWEIG, Product and Life Cycle Management Research Group Institute of Machine Tools (Mitarb.); BIRLA INSTITUTE OF TECHNOLOGY & SCIENCE, Mechanical Engineering Department Pilani India (Mitarb.) : Drivers and Barriers of Environmentally Conscious Manufacturing: A Comparative Study of Indian and German Organizations. In: DORNFELD, David; LINKE, Barbara S. (Hrsg.): *Leveraging Technology for a Sustainable World : Proceedings of the 19th CIRP Conference on Life Cycle Engineering :* Springer, 2012, S. 97 ff.

[MÜLL09] MÜLLER, Egon ; ENGELMANN, Jörg ; LÖFFLER, Thomas ; STRAUCH, Jörg: *Energieeffiziente Fabriken planen und betreiben.* 1. Aufl. Berlin : Springer, 2009

[NEUG13a] NEUGEBAUER, R. (Hrsg.); GÖTZE, U. (Hrsg.); DROSSEL, W.-G. (Hrsg.): *Energetisch-wirtschaftliche Bilanzierung und Bewertung technischer Systeme : Erkenntnisse aus dem Spitzentechnologiecluster eniPROD :* Verlag Wissenschaftliche Scripten, 2013

[NEUG13b]. FRAUNHOFER IWU: *Innovationsallianz Green Carbody Technologies - InnoCaT : Ergebnisse.* Gesamtergebnisbroschüre. 01.02.2013. – Gesamtergebnisbroschüre

[NEUG14] NEUGEBAUER, Reimund (Hrsg.): *Handbuch : Ressourcenorientierte Produktion.* 1. Aufl. München, Wien : Hanser, 2014

[NEUM02] NEUMANN, Klaus ; MORLOCK, Martin: *Operations-Research.* 2. Aufl. München, Wien : Hanser, 2002

[OVER12] OVERCASH, Michael ; TWOMEY, Janet: Unit Process Life Cycle Inventory (UPLCI) – A Structured Framework to Complete Product Life Cycle Studies. In: DORNFELD, David A.; LINKE, Barbara S. (Hrsg.): *Leveraging Technology for a Sustainable World.* Berlin, Heidelberg : Springer Berlin Heidelberg, 2012, S. 1–4

[PART01] PARTHIER, Rainer ; MILDENBERGER, Otto: *Messtechnik : Grundlagen für alle technischen Fachrichtungen und Wirtschaftsingenieure.* 1. Aufl. Braunschweig [u.a.] : Vieweg, 2001 (Viewegs Fachbücher der Technik)

[PUTZ15] PUTZ, Matthias: Konzept E³-Produktion - Lösungen für die Produktion der Zukunft. In: Fraunhofer IWU (Hrsg.): *Tagungsband 4. Kongress Ressourceneffiziente Produktion.* Leipzig, 2015, S. 49–60

[RACK13] RACKOW, T. ; SCHUDERER, P. ; FRANKE, J.: *Green Controlling - Ressourcenorientierte Steuerung von Unternehmen.* In: *ZWF* 108 (2013), Nr. 10, S. 773–777

[RAHI10] RAHIMIFARD, S. ; SEOW, Y. ; CHILDS, T.: *Minimising Embodied Product Energy to support energy efficient manufacturing.* 2010 (1)

[REIC14] REICHEL, T. ; RÜNGER, G. ; MEYNERTS, L. ; GÖTZE, Uwe: Environment-oriented Multi-criteria Decision Support for the Assessment of Manufacturing Process Chains. In: NEUGEBAUER, R.; GÖTZE, Uwe; DROSSEL, Welf-Guntram (Hrsg.): *Energetisch-wirtschaftliche Bilanzierung - Diskussion der Ergebnisse des Spitzentechnologieclusters eniPROD : 3. Methodenband der Querschnittsarbeitsgruppe „Energetisch-wirtschaftliche Bilanzierung" des Spitzentechnologieclusters eniPROD.* Chemnitz : Wissenschaftliche Scripten, 2014, S. 85–92

[REIN13] REINHARDT, Saskia: *Bewertung der Ressourceneffizienz in der Fertigung.* München : Utz, 2013 (Forschungsberichte / IWB Bd. 278)

[RICH14] RICHTER, Mark: Energiedatenerfassung. In: NEUGEBAUER, Reimund (Hrsg.): *Handbuch : Ressourcenorientierte Produktion.* 1. Aufl. München, Wien : Hanser, 2014, S. 191–225

[ROBE12] ROBERT BOSCH GMBH: *Nachhaltigkeit.* URL http://www.bosch.com/de/com/sustainability/sustainability_at_bosch.html – Überprüfungsdatum 2012-07-08

[ROBE14] ROBERT BOSCH GMBH: *Nachhaltigkeitsbericht 2013.* Stuttgart, 2014

[SAAT06] SAATY, T. L.: *Fundamentals of Decision Making and Priority Theory : With The Analytical Hierarchy Process.* 2. Aufl. Pittsburgh : RWS Publications, 2006 (The Analytical Hierarchy Process Series Vol. VI of the AHP Series)

[SAUE13] SAUER, Alexander ; LOSERT, Florian: *Energieeffizienz in der Fertigungstechnik : Modellbildung, Kurzstudie und Fallbeispiele.* München, 15.05.2013

[SCHI01] SCHIEFER, Ekkehard: *Ökologische Bilanzierung von Bauteilen für die Entwicklung umweltgerechter Produkte am Beispiel spanender Fertigungsverfahren.* Darmstadt. Diss. 2001

[SCHL11a] SCHLOSSER, R. ; KLOCKE, F. ; DÖBBELER, B. ; RIEMER, B. ; HAMEYER, K. ; HEROLD, T. ; ZIMMERMANN, W. ; NUDING, O. ; SCHINDLER, A. ; NIEMCZYK, M. ; SCHINDLER, B. A.: Assessment of Energy and Resource Consumption of Processes and Process Chains within the Automotive Sector. In:

HESSELBACH, Jürgen; HERMANN, Christoph (Hrsg.): *Glocalized Solutions for Sustainability in manufacturing : 18th CIRP Conference on Life Cycle Engineering, Braunschweig,Germany,May 2nd - 4th, 2011*. Berlin : Springer, 2011, S. 45–50

[SCHL11b] SCHLOSSER, Ralf: *Bewertung der Energieeffizienz alternative Prozesse und Technologieketten : Veranstaltung vom 06.10.2011, aus der Reihe "Informationstag Energieeffizienz in der Produktion". Mannheim.* 06.10.2011

[SCHL13] SCHLOSSER, R.: *Methodik zur Prognose der Nachhaltigkeit des Energie- und Stoffeinsatzes spanender Fertigungsprozesse.* Dissertation. RWTH Aachen : Apprimus Verlag, 2013

[SCHL14] SCHLUND, Sebastian ; SCHNABEL, Frieder ; RIST, Martin: Umsetzung der Ressourceneffizienz im Unternehmen. In: NEUGEBAUER, Reimund (Hrsg.): *Handbuch : Ressourcenorientierte Produktion.* 1. Aufl. München, Wien : Hanser, 2014, S. 91–123

[SCHN91] SCHNEEWEIß, Christoph: *Planung : Systemanalytische und entscheidungstheoretische Grundlagen.* Berlin, Heidelberg : Springer Berlin Heidelberg, 1991 (Springer-Lehrbuch)

[SCHR07] SCHREYER, Maximilian: *Entwicklung und Implementierung von Performance Measurement Systemen.* 1. Aufl. Wiesbaden : Deutscher Universitäts-Verlag, 2007 (Gabler Edition Wissenschaft)

[SCHR14] SCHREMS, Sebastian: *Methode zur modellbasierten Integration des maschinenbezogenen Energiebedarfs in die Produktionsplanung.* 1. Aufl. Herzogenrath : Shaker, 2014 (Schriftenreihe des PTW: "Innovation Fertigungstechnik")

[SELI07] SELIGER, G.: *Aufbruch zu nachhaltiger Produktionstechnik.* In: *ZWF* 102 (2007), Nr. 4, S. 180–181

[SEW10] SEW - EURODRIVE (HRSG.): *Nachhaltigkeitsbericht 2008/09 : Das Ganze sehen.* 2010

[STAT14] STATISTISCHES BUNDESAMT DEUTSCHLAND: *Nachhaltige Entwicklung in Deutschland : Indikatorenbericht 2014.* Wiesbaden, 27.10.2014

[STAT15a] STATISTISCHES BUNDESAMT DEUTSCHLAND: *Preise. Daten zur Energiepreisentwicklung : Lange Reihen von Januar 2000 bis April 2015. Artikelnummer: 5619001151044.* Wiesbaden, 28.03.2015

[STAT15b] STATISTISCHES BUNDESAMT DEUTSCHLAND: *Verdienste und Arbeitskosten : Arbeitskosten im produzierenden Gewerbe und im Dienstleistungsbereich - Ergebnisse für Deutschland. Artikelnummer: 2163201129004.* Wiesbaden, 02.03.2015

[STEE99] Steen, Bengt: *A systematic approach to environmental priority strategies in product development (EPS). Version 2000 - General system characteristics.* 1999

[STIE00] Stiens, Heiko: *Ermittlung des gesamtheitlichen Wirkungsgrades als Kennzahl zur rationellen Energienutzung in der Produktionstechnik.* Aachen : Shaker, 2000 (Umformtechnische Schriften Bd. 95)

[THIE11] Thiede, S.: *Energy Efficiency in Manufacturing Systems :* Springer Verlag, 2011

[TOFF07] Toffoletto, Laurence ; Bulle, Cecile ; Godin, Julie ; Reid, Catherine ; Deschenes, Louise: *LUCAS - A New LCIA Method Used for a Canadian-Specific Context.* In: *International Journal of Life Cycle Assessment* 12 (2007), Nr. 2, S. 93–102

[ULRI84] Ulrich, Hans ; Dyllick, Thomas ; Probst, Gilbert: *Management.* Bern : P. Haupt, 1984

[UMWE12] Umweltbundesamt: *Glossar zum Ressourcenschutz.* Dessau-Roßlau, 01.01.2012

[VDI11] VDI Zentrum Ressourceneffizienz: *Identifizierung wesentlicher Hemmnisse und Motivatoren im Entscheidungsprozess von KMU bei der Inanspruchnahme öffentlicher Förderprogramme zur Steigerung der Ressourceneffizienz.* November 2011

[VDI3321] VDI 3321. 01.03.1994. *Schnittwertoptimierung. Grundlagen und Anwendung*

[VDI4600] VDI 4600. 01.01.2012. *Kumulierter Energieaufwand - Begriffe, Definitionen, Berechnungsmethoden*

[VDI4800] VDI 4800. 01.07.2014. *Ressourceneffizienz. Methodische Grundlagen, Prinzipien und Strategien. Entwurf.*

[VÖLK12] Völker, Magdalena: *Konzeption ganzheitlicher Produktionssysteme für Werkzeugbaubetriebe.* 1. Aufl. Aachen : Apprimus-Verl, 2012 (Produktionssystematik Bd. 2012,29)

[WEBE11] Weber, Jürgen ; Schäffer, Utz: *Einführung in das Controlling.* 13., überarbeitete und aktualisierte Auflage. Stuttgart : Schäffer-Poeschel, 2011

[WEIN10a] Weinert, N.: *Planung energieeffizienter Produktionssysteme.* In: *Zeitschrift für wirtschaftlichen Fabrikbetrieb* 105 (2010), Nr. 5, S. 503–507

[WEIN10b] Weinert, Nils: *Vorgehensweise für Planung und Betrieb energieeffizienter Produktionssysteme.* Diss Techn. Univ. Berlin, 2010

[WEIN11] WEINERT, Nils ; CHIOTELLIS, Stylianos ; SELIGER, Günther: *Methodology for planning and operating energy-efficient production systems.* In: *CIRP Annals - Manufacturing Technology* 60 (2011), Nr. 1, S. 41–44

[WENZ97] WENZEL, H.; HAUSCHILD, M. (Mitarb.); ALTING, L. (Mitarb.) : *Environmental Assessment of Products : Volume 1: Methodology, tools and case studies in product developement.* London : Chapman & Hall, 1997

[WENZ98] WENZEL, H.; HAUSCHILD, M. (Mitarb.); ALTING, L. (Mitarb.) : *Environmental Assessment of Products : Volume 2: Scientific Background.* London : Chapman & Hall, 1998

[ZAHN96] ZAHN, E. ; SCHMID, U.: *Grundlagen und operatives Produktionsmanagement,* 1996 (Produktionswirtschaft 1)

[ZIMM91] ZIMMERMANN, Hans-Jürgen ; GUTSCHE, Lothar: *Multi-criteria Analyse : Einführung in die Theorie der Entscheidungen bei Mehrfachzielsetzungen.* Berlin [etc.] : Springer-Verl, 1991 (Heidelberger Lehrtexte Wirtschaftswissenschaften)

10 Anhang

Attachments

10.1 Ansätze der ökologischen Wirkungsabschätzung

Approaches for Life Cycle Impact Assessments

Tabelle 10.1: Ansätze der Wirkungsabschätzung und deren wesentliche Eigenschaften [EURO12]

Approaches for life cycle impact assessment and their main properties [EURO12]

Ansatz	midpoint/ endpoint	Eigenschaften	Quelle(n)
CML 2002	midpoint	Häufig verwendet, gute öffentliche Zugänglichkeit	[GUIN02]
Eco-Indicator 99	endpoint	Hauptziel ist Eco-Indicator Score als einzige Bewertungskennzahl	[GOED00]
EDIP97 – EDIP2003	midpoint	Späte midpoint Betrachtung inkl. Gewichtung von Wirkungskategorien, Orientierung an politischen Zielen	[WENZ97; WENZ98; HAUS05]
EPS2000	endpoint	Ansatz mittels Monte-Carlo Analyse mit Ziel der monetären Bewertung	[STEE99]
Impact 2002+	variiert	Neue Konzepte für Vergleichbarkeit, besonders im Bereich der Toxizität	[JOLL03]
LUCAS	variiert	Anpassung von Impact 2002+ und TRACI and kanadische Regelungen und Anforderungen	[TOFF07]
ReCiPe	variiert	Weiterentwicklung von CML 2002 und Eco-Indicator 99	[GOED12]
Methode der ökologischen Knappheit	endpoint	Orientiert sich an Grenzwerten der Gesetzgebung und beinhaltet deutlich weniger Einflussfaktoren als vorherige Verfahren	[FRIS09]
TRACI	midpoint	Spezifisches Verfahren für die USA	[BARE02]
MEEuP	midpoint	Spezifisches Vorgehen für Energie verbrauchende Produkte, Basis für europäische Gesetzgebung zu Energie verbrauchenden Produkten	[KEMN05]

10.2 AHP-Beispiel mit beispielhaften Gewichtungen

AHP-example with Exemplary Weightings

Gewichtungsmatrix A der Ressourceneffizienz

Weighting Matrix A of Resource Efficiency

$$A = \begin{pmatrix} 1 & 5 & 7 \\ 1/5 & 1 & 3 \\ 1/7 & 1/3 & 1 \end{pmatrix} \quad \begin{matrix} \text{Ökonomisch} \\ \text{Ökologisch} \\ \text{Technologisch-organisatorisch} \end{matrix} \tag{10.1}$$

Gewichtungsmatrix A der ökonomischen Kennzahlen

Weighting Matrix A of Economical Indicators

$$A = \begin{pmatrix} 1 & 3 & 5 & 7 \\ 1/3 & 1 & 3 & 5 \\ 1/5 & 1/3 & 1 & 3 \\ 1/7 & 1/5 & 1/3 & 1 \end{pmatrix} \quad \begin{matrix} \text{Herstellkosten} \\ \text{Investitionskosten} \\ \text{Lebenszykluskosten} \\ \text{Amortisationszeit} \end{matrix} \tag{10.2}$$

Gewichtungsmatrix A der ökologischen Kennzahlen

Weighting Matrix A of Ecological Indicators

$$A = \begin{pmatrix} 1 & 3 & 1/3 \\ 1/3 & 1 & 1/5 \\ 3 & 5 & 1 \end{pmatrix} \quad \begin{matrix} \text{Ressourcennutzung} \\ \text{Umweltbelastung} \\ \text{Klimaerwärmung} \end{matrix} \tag{10.3}$$

Gewichtungsmatrix A der Kennzahlen zur Ressourcennutzung

Weighting Matrix A of Indicators for Resource Consumptions

$$A = \begin{pmatrix} 1 & 7 & 1 & 7 \\ 1/7 & 1 & 1/7 & 3 \\ 1 & 7 & 1 & 7 \\ 1/7 & 1/3 & 1/7 & 1 \end{pmatrix} \quad \begin{matrix} \text{KEA nicht erneuerbar} \\ \text{KEA erneuerbar} \\ \text{Prozesseffizienz} \\ \text{Verbrauch kritischer Ressourcen} \end{matrix} \tag{10.4}$$

Gewichtungsmatrix A der Kennzahlen zur Klimaerwärmung

Weighting Matrix A of Indicators for Climate Change

$$A = \begin{pmatrix} 1 & 1 \\ 1 & 1 \end{pmatrix} \quad \begin{matrix} \text{direkte } CO_2\text{-Emissionen} \\ \text{indirekte } CO_2\text{-Emissionen} \end{matrix} \tag{10.5}$$

10.3 Übersicht über die Softwarelösung

Overview of the Software Solution

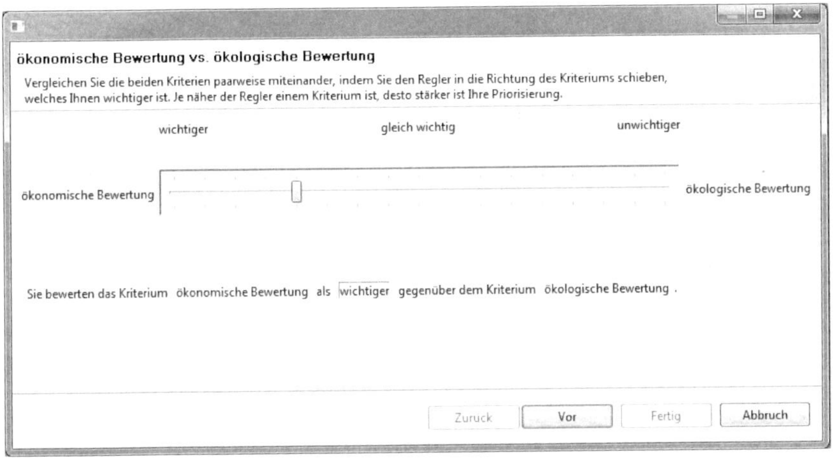

Abbildung 10.1: Paarweiser Vergleich von ökonomischer vs. ökologische Faktoren
Pairwise Comparison of Economical vs. Ecological Factors

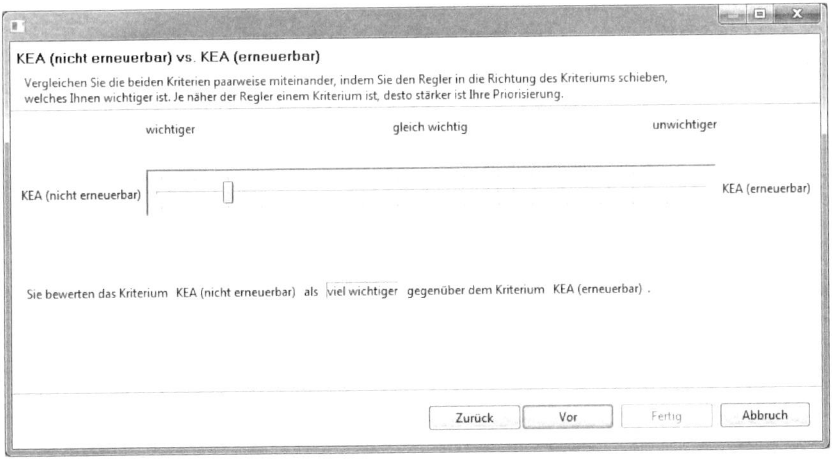

Abbildung 10.2: Paarweiser Vergleich von KEA (nicht erneuerbar) vs. KEA (erneuerbar)
Pairwise Comparison of KEA (non renewable) vs. KEA (renewable)

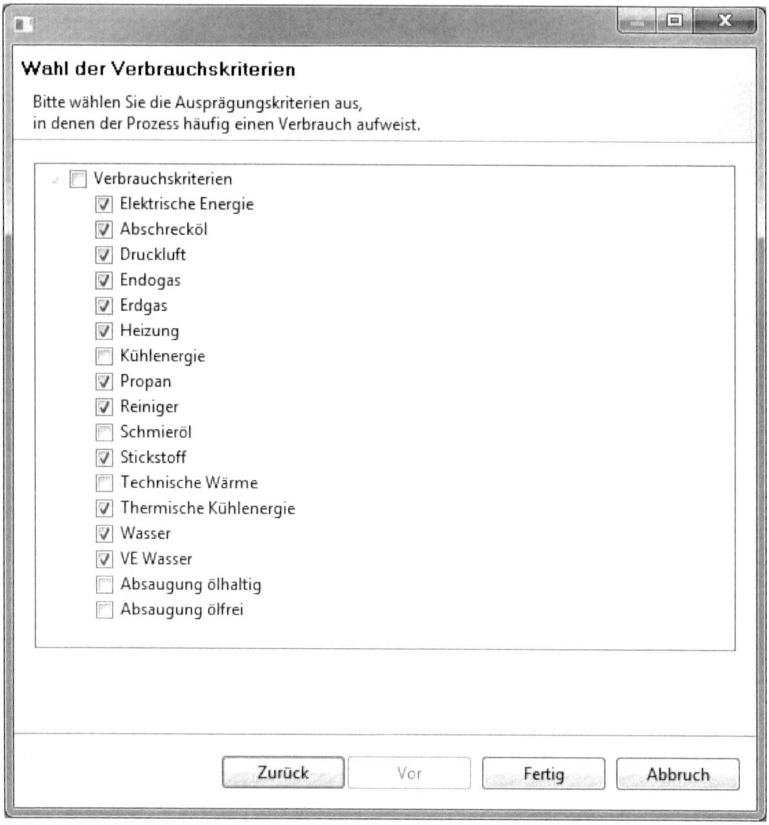

Abbildung 10.3: Wahl der Verbrauchskriterien für einen Prozess

Choice of Consumption Types for a Process

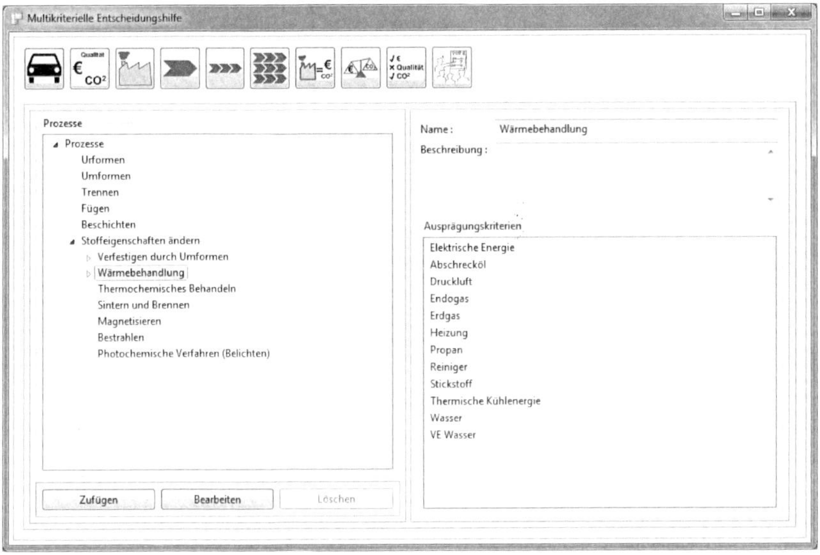

Abbildung 10.4: Fenster zur Prozessverwaltung
Window of Process Administration

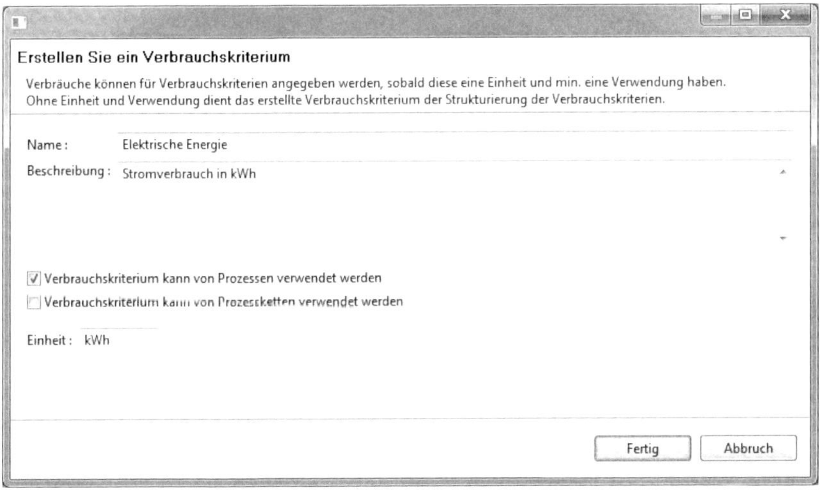

Abbildung 10.5: Erstellung einer Verbrauchsart
Creation of a Consumption Type

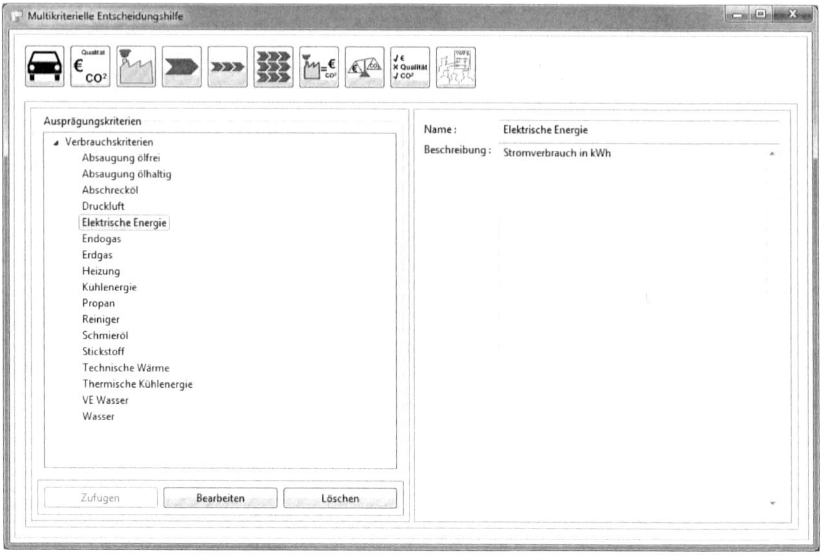

Abbildung 10.6: Definition von Verbrauchskriterien
Definition of Consumption Criteria

10.4 Umrechnungstabellen von Verbrauchsmedien zu Bewertungskriterien

Conversion Table of Consumptions to Evaluation Criteria

Tabelle 10.2: Umrechnungsfaktoren der Verbrauchsarten in ökonomische Kategorien

Conversion Factors of Consumption Types in Economic Categories

Verbrauchsart	Einheit der Verbrauchsart	Materialkosten
Elektrische Energie	kWh	0,134
Druckluft	m^3	0,022249069
Techn. Kälte	kWh	0,0335
Techn. Wärme	kWh	0,07
Erdgas	m^3	0,007
Wasser	L	0,00257725
VE Wasser	L	0,010473461
Reiniger	L	4
Abschrecköl	L	4
Schmieröl	L	4
Propan	m^3	0,4
Endogas	m^3	0,088240833
Heizung	m^3	0,007
Absaugung ölhaltig	m^3	0,000249951
Absaugung nass	m^3	0,000266559
Stickstoff	m^3	0,4

Tabelle 10.3: Umrechnungsfaktoren der Verbrauchsarten in ökologische Kategorien I/III
Conversion Factors of Consumption Types in Ecological Categories I/III

Verbrauchs-art	**Einheit der Verbrauchs-art**	**KEA (nicht erneuerbar) / MJ**	**KEA (erneuerbar) / MJ**	**Quelle**
Elektrische Energie	kWh	8,6688	1,0296	[BMUB15]: El-KW-Park-DE-2010
Druckluft	m³	1,300	5,97E-06	[BMUB15]: Druckluft
Techn. Kälte	kWh	0,167222222	1,99E-02	
Techn. Wär-me	kWh	3,999	3,063E-3	[BMUB15]: Gas-mix-DE-2010
Erdgas	m³	0,030833333	3,063E-4	Über Heizwertberechnung
Wasser	L	5,81E-3	1,80E-4	[BMUB15]: Xtra-TrinkwasserDE-2000
VE Wasser	L	0,032983142	3,92E-03	Eigenherstellung
Reiniger	L	0,0000665	1,53E-06	[BMUB15]: Chem-Org-Propylenglycol-DE-2010
Abschrecköl	L	84,33076	9,40E-02	[BMUB15]: Schmieröl
Schmieröl	L	84,33076	9,40E-02	[BMUB15]: Schmieröl
Propan	m³	0,0001058	9,68E-08	[BMUB15]: Chem-OrgR290 (Propan)-DE-2000
Endogas	m³	0,416979222	4,90E-02	Zusammensetzung aus Erdgas, Propan, elektr. Energie und Kühlung
Heizung	m³	0,030833333	2,36E-05	Über Erdgasverbrauch
Absaugung ölhaltig	m³	0,001247683	1,48E-04	Eigenherstellung
Absaugung nass	m³	0,001330585	1,58E-04	Eigenherstellung
Stickstoff	m³	0,000000872	2,67E-08	[BMUB15]: Xtra-generischN2

Tabelle 10.4: Umrechnungsfaktoren der Verbrauchsarten in ökologische Kategorien II/III
Conversion Factors of Consumption Types in Ecological Categories II/III

Verbrauchsart	Einheit der Verbrauchsart	Verbrauch krit. Ressourcen	Umweltschädliche Stoffe
Elektrische Energie	kWh	0	0
Druckluft	m^3	0	0
Techn. Kälte	kWh	0	0
Techn. Wärme	kWh	0	0
Erdgas	m^3	0	0
Wasser	L	0	0
VE Wasser	L	0	0
Reiniger	L	0	1
Abschrecköl	L	1	0
Schmieröl	L	1	0
Propan	m^3	0	0
Endogas	m^3	0	0
Heizung	m^3	0	0
Absaugung ölhaltig	m^3	0	0
Absaugung nass	m^3	0	0
Stickstoff	m^3	0	0

Tabelle 10.5: Umrechnungsfaktoren der Verbrauchsarten in ökologische Kategorien III/III

Conversion Factors of Consumption Types in Ecological Categories III/III

Verbrauchsart	Einheit der Verbrauchsart	Direkte CO_2-Emissionen / kg CO_2-Äqv.	Indirekte CO_2-Emissionen / kg CO_2-Äqv.	Quelle
Elektrische Energie	kWh	0	0,453511111	[BMUB15]: El-KW-Park-DE-2010
Druckluft	m³	0	0,0753	[BMUB15]: Druckluft
Techn. Kälte	kWh	0	0,113377778	
Techn. Wärme	kWh	0,002126667	0	[BMUB15]: Gas-mix-DE-2010
Erdgas	m³	0,000212667	0	Über Heizwertberechnung
Wasser	L	0	0,000000402	[BMUB15]: Xtra-TrinkwasserDE-2000
VE Wasser	L	0	0,022363392	Eigenherstellung
Reiniger	L	0	2,38	[BMUB15]: Chem-Org-Propylenglycol-DE-2010
Abschrecköl	L	0	1,051764706	[BMUB15]: Schmieröl
Schmieröl	L	0	1,051764706	[BMUB15]: Schmieröl
Propan	m³	0	1,064	[BMUB15]: Chem-OrgR290 (Propan)-DE-2000
Endogas	m³	0	0,291896732	Zusammensetzung aus Erdgas, Propan, elektr. Energie und Kühlung
Heizung	m³	0,000212667	0	Über Erdgasverbrauch
Absaugung ölhaltig	m³	0	0,000845937	Eigenherstellung
Absaugung nass	m³	0	0,000902146	Eigenherstellung
Stickstoff	m³	0	0,05992	[BMUB15]: Xtra-generischN2

10.5 Leistungsberechnung Zerspanung

Power Calculation Cutting

$$E_{spez} = \frac{E_c + E_f}{V} = \frac{P_c \cdot t_c + P_f \cdot t_c}{V} = \frac{P_c \cdot t_c + P_f \cdot t_c}{Q_z \cdot t_c} = \frac{P_c + P_f}{Q_z} \quad \text{[kJ/cm³]}$$

$$= 1{,}95 \frac{kJ}{cm^3}$$

$$P_c = F_c \cdot v_c = k_c \cdot b \cdot h = k_{c1.1} \cdot h^{1-m_c} \cdot b \quad \text{[kW]}$$

$$P_f = F_f \cdot v_f = k_{f1.1} \cdot h^{1-m_f} \cdot b \quad \text{[kW]} \qquad (10.6)$$

$$v_f = n \cdot f = \frac{v_c}{\pi \cdot D} \quad \text{[mm/s]}$$

mit $b = a_p = 2{,}5\ mm, h = f = 0{,}3\ mm, v_c = 350 \frac{m}{min},$

$k_{c1.1} = \frac{1541 N}{mm^2}, 1 - m_c = 0{,}8043, \kappa = 90°, k_{f1.1} = 272 \frac{N}{mm^2},$

$1 - m_f = 0{,}2375\ , D = 150\ mm,$ [KÖNI82]

E_{spez}:	Spezifische Zerspanenergie	[kWh/mm²]
E_c:	Schnittenergie	[kWh]
E_f:	Vorschubenergie	[kWh]
V:	Zerspantes Volumen	[cm³]
Q_z:	Zeitspanvolumen	[cm³/s]
P_c:	Schnittleistung	[kW]
P_f:	Vorschubleistung	[kW]
t_c:	Schnittzeit	[s]
k_c:	Spezifische Schnittkraft	[N/mm²]
b:	Spanungsbreite	[mm]
h:	Spanungsdicke	[mm]
$k_{c1.1}$:	Spezifische Schnittkraft für den Spanungsquerschnitt A = 1 mm²	[N/mm²]
$k_{f1.1}$:	Spezifische Vorschubkraft für den Spanungsquerschnitt A = 1 mm²	[N/mm²]
1-m_c:	Anstiegswert der Schnittkraft	
1-m_f:	Anstiegswert der Vorschubkraft	
n:	Drehzahl	[min^{-1}]
D:	Durchmesser des Werkstückes	[mm]
a_p:	Schnitttiefe	[mm]
f:	Vorschub	[mm]
v_c:	Schnittgeschwindigkeit	[m/min]

FSC
www.fsc.org
MIX
Papier | Fördert
gute Waldnutzung
FSC® C083411

Kolibri 360 GmbH
Ferdinand-Jühlke-Straße 7
99095 Erfurt, Deutschland
produktsicherheit@kolibri360.de